BIBLIOTHÈQUE
DES MERVEILLES

PUBLIÉE SOUS LA DIRECTION
DE M. ÉDOUARD CHARTON

———

LES MERVEILLES

DE LA LOCOMOTION

21960. — PARIS, TYPOGRAPHIE LAHURE

Rue de Fleurus, 9

BIBLIOTHÈQUE DES MERVEILLES

LES MERVEILLES

DE

LA LOCOMOTION

PAR

E. DEHARME

Deuxième édition

ILLUSTRÉE DE 89 VIGNETTES DESSINÉES SUR BOIS

PAR

B. BONNAFOUX, A. JAHANDIER ET A. MARIE

PARIS

LIBRAIRIE HACHETTE ET Cie

79, BOULEVARD SAINT-GERMAIN, 79

1878

LES MERVEILLES

DE

LA LOCOMOTION

CHAPITRE PREMIER

Le mouvement et l'attraction universels. — Mouvements des minéraux, des
végétaux et des animaux. — Carrière offerte au mouvement de l'homme.
— L'air indispensable à tous ses mouvements.

Tout est mouvement dans la nature. Que nos yeux
se dirigent sur la terre ou s'élèvent vers le ciel, ils ne
voient que mouvement et progrès. Ici, des transformations géologiques, des îles qui s'abîment et des
volcans qui jaillissent, une mer immense montant
soir et matin ; des graines qui germent et des forêts
qui s'élèvent ; et, pour régner sur ce monde, des animaux qui s'y agitent sans cesse ; le tout emporté dans
l'espace d'un mouvement régulier, dont nous ne pouvons prévoir la fin. Là haut, ce sont des mondes dont

1

les révolutions s'exécutent avec la même régularité et dont les mouvements sont liés à celui de notre planète comme celui-ci l'est aux leurs, tous ces mouvements enchaînés par cette loi fatale que la chute d'une pomme a révélé au génie de Newton et qui s'appelle *l'attraction universelle*.

Mais tous ces mouvements ne sont pas de même nature. Des différences marquées existent entre eux et nous font apparaître la vie sous ces divers aspects.

Nous voyons les corps du règne minéral (ils sont 70 à peine) s'unir les uns aux autres, en obéissant à leurs affinités réciproques, — ces affections de la matière, — et constituer l'infinie variété de corps que la chimie et la minéralogie apprennent à connaître. Nous les voyons changer de forme et se mouvoir, passer d'un état d'équilibre à un autre, jaillir en gerbe au-dessus du sol, bondir en cascades ou s'écouler paisiblement vers l'Océan, en se soumettant aux lois physiques sur lesquelles repose l'harmonie de l'univers. Tous ces mouvements, les uns passagers, les autres permanents, ont lieu avec une *passivité absolue* de la part des corps qui les exécutent.

Ce caractère se modifie dans le règne végétal, et les mouvements de certaines plantes deviennent *instinctifs*. C'est ainsi que les feuilles se dirigent du côté d'où leur viennent l'air et le soleil, que les racines se cramponnent au morceau d'engrais qui leur apporte une nourriture plus riche ; qu'au moment de la floraison, les étamines embrassent le pistil et que cer-

taines plantes quittent le fond des eaux pour venir
éclore leur fleur à la surface.

L'intelligence enfin, s'élevant au-dessus de l'instinct
aveugle, se révèle chez les animaux, et c'est, non-seulement dans leurs rapports avec l'homme, mais encore
dans leur vie privée qu'on en voit des preuves écla-
tantes. Leurs mouvements ne sont plus automatiques,
ni instinctifs, ils sont *raisonnés, conscients.*

Au-dessus de ces êtres des trois règnes, dont les déplacements ne sont que des infiniment petits auprès
des mouvements accomplis dans l'espace par les
mondes qui les portent, s'élève l'homme, soumis comme
eux aux forces naturelles et à l'instinct qui les guide,
mais possédant à un degré supérieur l'intelligence qui
règle chacun de ses pas.

Mais cette intelligence, qui étend son empire, rend
en même temps ses membres impuissants à lui en
faire parcourir les différentes parties. Ses seuls efforts
ne peuvent le conduire bien loin. Il use de sa supériorité sur tous les êtres de la création pour les soumettre à ses volontés, et, si les animaux eux-mêmes
ne le servent pas assez selon ses désirs, il asservit les
forces naturelles, les dompte comme il a fait de ces
animaux, s'en fait souvent un levier sur lequel il s'ap-
puie pour courir sur la terre ou pénétrer dans son
sein, pour franchir l'Océan ou s'enfoncer dans ses
eaux, ou bien enfin pour s'élever dans l'air.

Être supérieur vis-à-vis de tous les autres êtres de
la création, c'est, il est vrai, un pygmée vis-à-vis du

Créateur lui-même, mais un pygmée grandissant sans cesse et pour qui le progrès est une loi aussi fatale que le mouvement est un besoin inné.

Nous nous proposons de faire connaître dans ce livre les moyens les plus remarquables employés par l'homme pour se mouvoir sur la terre ou dans la terre.

Tandis que la plupart des animaux ne peuvent vivre que dans un milieu spécial et peu étendu, l'homme est moins qu'aucun d'eux l'esclave de ses habitudes. S'il aime ses dieux lares et le ciel de sa patrie, il peut cependant changer de gîte et de climat pour son intérêt, pour ses plaisirs même.

Les insectes ont chacun leur loge secrète, ceux-ci dans la terre, ceux-là dans le tissu des végétaux ou des animaux ; les poissons ne peuvent vivre que dans l'eau : froide pour ceux-ci, tempérée pour ceux-là, douce pour les uns, salée pour les autres, calme au sein des lacs, agitée au cours des torrents, coulant en mince filet dans les petits ruisseaux, dormant en grande masse dans les bas-fonds de l'Océan. Le lion et la panthère se plaisent au désert, l'ours blanc au milieu des glaces des mers polaires, le serpent et la chauve-souris dans l'atmosphère lourde et viciée des cavernes, le condor dans l'air raréfié des plus hauts pics de la Cordillère des Andes ; c'est enfin pour vivre toujours dans une atmosphère plus douce que l'hirondelle regagne à l'approche de l'hiver les pays du soleil et revient, avec les feuilles, faire son nid sous le toit qui l'a abritée pendant ses premières années.

Les grandes agglomérations humaines se sont fixées dans les pays tempérés, mais les régions équatoriales et polaires sont aussi habitées, et si l'Abyssin et le Lapon ne quittent pas leur pays, ils sont visités souvent par les Européens. L'homme se lance sans crainte sur l'Océan, et s'il ne peut, comme les sirènes, vivre avec la même facilité dans l'eau que dans l'air, il sait plonger au sein de la masse liquide pour y cueillir le corail et les huîtres perlières aussi aisément qu'il s'enfonce dans la terre à la recherche du charbon et des métaux précieux. Grâce aux procédés ingénieux qu'il emploie pour varier ses vêtements et sa demeure, il vit dans l'air humide des mines comme dans l'air comprimé du scaphandre ou dans l'air raréfié des hautes régions de l'atmosphère [1].

Avec de l'air en provision, il peut tout braver : les miasmes délétères des exploitations souterraines, l'inconnu des vallées sous-océaniques, le feu même.

[1] Hauteur comparée de quelques lieux habités :

	mètres.		mètres.
Kursok (Asie)	4541	Quito (Am. Sud)	2913
Maison de poste d'Apo (Am. Sud)	4382	Bogota (Am. Sud)	2661
Tacora (Am. Sud)	4173	Hospice du Grand-Saint-Bernard (Europe)	2473
Gya (Asie)	4129	Saint-Veran (France)	2040
Potosi (Am. Sud)	4105	Zermatt (Europe)	1618
Mouktinath (Asie)	4012	Gavarnie (France)	1335
La Paz (Am. Sud)	3726	Briançon (France)	1321
L'Hassa (Asie)	3565	Madrid (Europe)	608
Ouadela (Afrique)	2926	Paris (Seine, à l'étiage)	26

A. — Insuffisance de l'appareil locomoteur de l'homme. — Les animaux
moteurs. — Origine de la voiture. — Le traîneau.

Pour des courses longues et souvent aventureuses, les jambes de l'homme sont trop fragiles et trop courtes, et celles des animaux doivent lui venir en aide. Le chameau sert de monture et de bête de somme, le bœuf est bête de trait, et le cheval sert à la fois aux deux usages.

A côté de ces animaux viennent s'en placer quelques autres, utilisés seulement en certains pays, ou consacrés à des usages spéciaux : l'âne et le mulet auxiliaires du cheval, mais moins forts et rendant de moindres services ; l'hémione remplaçant ce dernier dans l'Inde ; le yack et le bison, parents du bœuf et qui peuvent le suppléer dans certains cas ; l'éléphant servant de monture dans l'Inde, le chameau dans le désert et l'autruche dans quelques parties de l'Afrique ; le renne et le chien enfin, les bêtes de trait des pays glacés.

Tels sont, en résumé, les animaux dont l'homme a emprunté le secours. Les plus puissants d'entre eux ne portant encore que des charges bien faibles, il a fallu, pour le transport des lourds fardeaux, recourir à la voiture.

C'est à Cyrus que l'invention en est généralement attribuée ; mais il est très-permis de croire que l'emploi des roues est de beaucoup antérieur à lui et l'on peut

Fig. 1.— Traîneau impérial à Saint-Pétersbourg.

rechercher quels ont été les faits ou les idées qui ont dû conduire à cette simple découverte. Il est vraisemblable que, ne pouvant charger telle bête de somme de tout le fardeau qu'il avait à lui imposer, l'homme aura imaginé de le lui faire tirer. De là le *traîneau*, qui, selon toute probabilité, a été le point de départ de la voiture. Quelques pierres auront été placées sous le véhicule improvisé, peut-être même des pièces de bois de forme arrondie, des rouleaux enfin, différant peu de ceux qui servent dans nos chantiers de construction actuels pour le transport des lourds matériaux, pierre, bois ou fer; et des rouleaux à la roue, la transition est simple. La roue n'est qu'une *tranche du rouleau*, rendue plus légère par des évidements intelligemment ménagés, et plus résistante par la ferrure destinée à la garantir de l'usure et des chocs produits par les inégalités du chemin.

Cette série d'hypothèses, d'ailleurs très-naturelles, se trouve parfaitement justifiée par la forme des roues des premiers chars dans l'antiquité, forme rudimentaire que l'on retrouve encore aujourd'hui, dans toute sa simplicité, aux roues des chariots catalans. Ces roues sont de simples disques ferrés, ayant 4 ou 5 centimètres de largeur, assujettis d'une façon grossière au véhicule qu'ils supportent et produisant dans les chemins montueux des Pyrénées un bruit strident et criard que prolonge encore la lente allure des bœufs qui y sont attelés.

Le traîneau, cet état primitif du plus somptueux de nos carrosses ou de nos wagons d'aujourd'hui, est

d'ailleurs utilisé avec avantage dans plusieurs pays, et
notamment dans les contrées septentrionales et dans
les pays de montagnes.

Dans les contrées septentrionales, deux raisons
principales en ont maintenu et en maintiendront
l'usage : la dureté de la terre glacée et l'absence ou
la rareté des voies de communication. Quel que soit
l'objet qu'on ait à faire mouvoir sur le sol, on favori-
sera son mouvement en réduisant le frottement qui se
produit lorsqu'on cherche à le déplacer, frottement
qui dépend tout d'abord de la nature des surfaces en
contact. Le sol glacé des pays du Nord se prête merveilleusement à ce déplacement. Les surfaces du patin
et du sol acquièrent par l'usage un poli essentiellement
favorable au mouvement. Qu'arriverait-il si des roues
étaient substituées aux longs patins de glissement?
Elles pénétreraient dans la neige au lieu de rester à la
surface et deviendraient un obstacle à la marche. Le
véhicule procéderait par ressauts et par saccades, se
fatigant lui-même, fatigant ceux qui y seraient placés
et la bête qui le tirerait. Le traîneau, en abaissant
le centre de gravité du véhicule presque au niveau
du sol, et en lui fournissant une large base de sustentation, empêche ces accidents de se produire. Le
traîneau passe partout, la roue sur les bons chemins
seulement.

Tout le monde connaît le *sabot* qu'employaient nos
anciennes diligences. A la montée d'une côte, tous les
voyageurs descendaient et suivaient au pas le véhicule
pesamment chargé. Au sommet, on remontait en voi-

Fig. 2. — Traîneaux à New-York.

ture, le sabot était assujetti sous l'une des roues de derrière pour descendre le versant et les chevaux partaient. La voiture devenait momentanément un traîneau : trois des roues conservaient leur liberté et le *frottement de roulement* de la quatrième était transformé en *frottement de glissement.* C'est en traîneau qu'on faisait une partie de la traversée du Mont-Cenis, avant que le chemin de fer de Fell, qui a précédé l'ouverture du souterrain, fût établi.

Les forêts, dans les pays de montagnes, sont exploitées de la sorte. De jeunes arbres, ou même des branches à peine dégrossies, réunis par quelques liens tordus, servent à improviser un traîneau, qui est démembré à l'arrivée ou que le charbonnier remonte sur ses épaules. Le lit d'un ravin est le chemin suivi; les pierres roulent sous le véhicule et descendent avec lui.

D'autres fois, ce sont des rondins de sapin couchés en travers de la percée ouverte au milieu du bois et fixés au sol par des piquets placés à leurs deux extrémités. Tels sont les chemins de *schlitt* qui servent à l'exploitation des forêts.

C'est en traîneau qu'on fait parcourir aux touristes certains passages rapides des Alpes ou des Pyrénées. Une de ces descentes renommées est celle de Brame-Farine, près d'Allevard, dans le département de l'Isère.

A Madère, la circulation s'effectue de la manière la plus pittoresque : toujours à cheval ou en traîneau. Quand il s'agit de monter, les traîneaux sont tirés par des bœufs ; pour descendre, les frêles véhicules sont lancés sur les pentes, conduits et à peine retenus à l'arrière à l'aide de cordes par un ou plusieurs guides dont les principaux efforts consistent à éviter les chocs aux tournants, parfois très-brusques.

Avant de décrire la première de ces voitures à roues dont l'invention a été un progrès considérable demeuré sans date dans l'histoire de la locomotion, arrêtons-nous pour esquisser rapidement les faits si intéressants qui expliquent l'avantage de la voiture sur le traîneau, puis du wagon de nos chemins de fer sur la voiture elle-même.

B. — Frottement entre le véhicule et la voie qui le porte. — Le dé et la bille d'ivoire. — Frottement de glissement et de roulement. — Ce qu'on sait des lois du frottement. — Difficultés inhérentes aux observations. — Impressionnabilité de la matière. — Moyens de diminuer le frottement. — Lubrification des parties frottantes. — Accroissement du diamètre des roues.

Tous les progrès de la locomotion reposent sur les améliorations apportées aux deux surfaces en contact durant le mouvement : patin et roue d'une part, chaussée ou rail d'une autre. Les améliorations introduites dans la construction du véhicule lui-même n'ont été que la conséquence des premières. L'emploi de la vapeur comme moteur a marqué une nouvelle étape que nous décrirons avec tous les développements qu'elle comporte.

Lorsqu'on examine à la loupe les objets les mieux polis, on aperçoit à leur surface une innombrable quantité d'aspérités et de cavités, qui forment, entre

Fig. 5. — Brouette primitive (marchand forain de la Porte fleurie orientale, à Pékin).

deux objets rapprochés, comme autant de petites dents
d'engrenage s'enchevêtrant les unes dans les autres.
Chacun des deux objets agit sur celui qui lui est opposé
comme un morceau de pierre ponce sur la main. Il y a
entre eux :

1° Production d'une résistance au mouvement qu'on
veut déterminer et qui est le *frottement ;*

2° Destruction des aspérités existantes, polissage
des surfaces, d'où usure.

C'est l'effet qui se produit lorsqu'on pousse un dé
d'ivoire sur le drap d'un billard. L'impulsion cessant,
le dé s'arrête ; mais si au dé on substitue une bille, la
moindre impulsion produit un mouvement qui se prolonge encore après que l'action a cessé d'être exercée.
Le frottement n'est pas détruit, il est seulement réduit par le changement de forme de la surface. Dans
le premier cas, il y avait *frottement de glissement ;*
dans le second, il y a *frottement de roulement.*

Si, au lieu de placer cette bille d'ivoire sur une
table recouverte de drap, nous la plaçons sur une table
polie de bois ou de métal, une impulsion bien moindre
que la première suffira à lui faire parcourir le même
chemin.

Ces faits, tout simples et tout familiers, que nous
venons d'observer sur une petite échelle, se produisent
en grand.

Qu'un traîneau glisse sur le sol, qu'une voiture
roule sur une chaussée, ou un wagon sur des rails,
qu'un bateau se meuve sur l'eau ou un ballon dans
l'air, il y a *frottement.* Une force se développe, au

moment où le mouvement commence, de la part du sol, de l'eau ou de l'air avec lequel le véhicule est en contact. Elle est faible, presque insignifiante dans l'air, elle est plus grande dans l'eau ou à sa surface, et prend des valeurs très-diverses et parfois considérables sur le sol. En somme, on peut dire, d'une manière générale, que toutes les fois que deux corps, en contact, viennent à être animés de vitesses variables, — ou l'un d'une certaine vitesse, l'autre restant à l'état de repos, — il se produit une force retardatrice du mouvement, et il y a *frottement*.

Quelles sont les lois du frottement? Les géomètres et les ingénieurs ont cherché beaucoup et longtemps, et cherchent encore, car les opinions les plus opposées se sont produites. Nous n'avons pas l'intention de les relater toutes ici ; mais il convient d'indiquer les faits principaux, ceux sur lesquels on est généralement tombé d'accord et qui sont, par suite, hors de conteste.

Amontons est le premier qui s'occupa de la recherche des lois du frottement. Il se servait, pour ses expériences, d'un plan mobile autour d'une charnière et dont il faisait varier l'inclinaison. Mais les résultats auxquels il fut conduit paraissent contradictoires. Coulomb, en 1781, reprit ces recherches.

Sur deux madriers horizontaux juxtaposés il fixait un troisième madrier en chêne, long de 8 pieds, large de 16 pouces. Un traîneau, en forme de caisse, de 18 pouces de large, qu'il chargeait de poids, pouvait glisser sur ce dernier madrier, et le parcourir dans sa longueur. Une corde flexible, attachée au traîneau, venait, dans une direction horizontale, s'enrouler sur la gorge d'une poulie très-mobile. Un plateau attaché à son extrémité recevait des poids et pouvait descendre dans un puits de 4 pieds de profondeur. Les poids, successivement placés dans le plateau, déterminaient le mouvement du traîneau. Un pendule, battant les demi-secondes, permettait d'étudier ainsi la loi du mouvement. La nature et l'étendue des surfaces frottantes, modifiées tour à tour, donnaient le moyen de varier à l'infini les conditions de ces expériences.

Le général Morin, en 1831, M. J. Poirée, en 1851, M. Bochet, en 1856 d'abord, puis en 1861, ont repris et étendu les études commencées par Coulomb.

On admettait, avant les travaux de ces deux derniers ingénieurs, que le frottement était proportionnel à la pression normale que les surfaces exercent l'une sur l'autre, qu'il variait selon la nature et l'état des surfaces en contact, et qu'il était indépendant de la vitesse et de l'étendue de ces surfaces.

M. Poirée a démontré que, pour des vitesses supérieures à 4 ou 5 mètres par seconde, le frottement diminuait à mesure que la vitesse augmentait.

Dans un mémoire fort intéressant, et à la suite de nomb euses expériences exécutées sur le chemin de fer de l'Ouest avec un wagon-traîneau du système Didier, M. Bochet a réfuté les premières lois admises et a conclu :

1° Que le frottement diminue à mesure que la vitesse augmente;

2° Que le frottement n'est plus proportionnel à la pression et, par suite, n'est plus indépendant de l'étendue des surfaces frottantes, dès que la pression cesse d'être petite ;

3° Qu'il n'y a pas, en général, de frottement spécial au départ.

Ces nouvelles lois viennent renverser les opinions précédemment admises. Est-ce à dire, pour cela, qu'elles sont la dernière expression de la vérité ·et qu'elles ne souffriront pas de modifications? Nous n'oserions pas l'affirmer.

On ne peut se faire une idée exacte des difficultés qui entourent l'exécution de ces expériences : les circonstances, qui semblent les plus insignifiantes, exercent souvent une influence considérable, qui échappe même aux yeux les plus perspicaces, à l'attention la plus vigilante. L'observation de ces phénomènes, où la constitution moléculaire des corps est immédiatement en jeu, présente bien autrement d'obstacles que celle des faits chimiques où les qualités et les affinités particulières de ces mêmes molécules se révèlent.

Nombre d'opérations, exécutées dans des conditions en apparence complétement identiques, donnent des résultats différents et déroutent l'expérimentateur ; nous disons : *en apparence identiques*, car nos yeux ou nos moyens de mesure ou de contrôle doivent nous égarer. Les deux morceaux de fer que nous faisons frotter l'un contre l'autre, bien qu'ils soient pris dans une masse que nous croyons homogène et qui a subi les mêmes opérations préparatoires, peuvent présenter, et présentent sans doute, des différences de contexture que nous ne pouvons saisir. Les fibres de tel morceau de bois ne sont pas dirigées comme celles de tel autre ; les parties tendres sont plus nombreuses dans celui-ci que dans celui-là ; l'état hygroscopique des deux échantillons est différent. En somme, l'*homogénéité*, l'*identité*, dans le sens le plus absolu et le plus général que l'on accorde à ces deux mots, n'existent pas. Les différences constatées n'offrent donc rien de surprenant.

Il en est absolument, de ce qui se passe entre ces deux morceaux de matière, comme de ce qui se produit entre deux individus de mœurs, de caractères et d'esprits bien définis et entraînés dans une action commune. Il n'est pas douteux que les circonstances les plus inappréciables peuvent agir sur l'un et l'autre ou sur l'un des deux seulement, et modifier d'une manière très-sensible le résultat qu'ils poursuivent de concert ? Est-il déraisonnable de croire que des influences d'une autre nature, mais tout aussi bien modificatrices, aient pu agir sur la constitution moléculaire des deux échantillons mis en contact, et n'est-il pas permis de supposer à ces atomes matériels et inertes une impressionnabilité que nous constatons chez les êtres vivants et matériels aussi ?

Lorsque nous modifions, par l'interposition d'un nouveau corps ou par une altération quelconque des surfaces en contact, les conditions de ces expériences, nous obtenons les résultats les plus divers. Des aspé-

rités, des stries, l'application sur l'une des surfaces
de bandes de cuir ou de caoutchouc, en multipliant
les points de connexion et d'enchevêtrement, créent
un obstacle au mouvement, tandis que l'interposition
d'un corps gras, de plombagine, de suif ou de telle
ou telle huile, en unissant et en polissant les surfaces
rapprochées, diminue le frottement. De là, l'avantage
que l'on retire de l'emploi des matières lubrifiantes.

Le cri strident des chars catalans, dont nous avons
parlé, celui de toutes les voitures dont les roues sont
insuffisamment graissées, résultent d'une attaque plus
ou moins profonde des surfaces en contact. Ce grin-
cement est accompagné d'un échauffement de ces surfaces, qui, s'il n'y est porté remède, peut avoir les
conséquences les plus graves.

Les faits que l'on constate dans l'étude du frottement de glissement s'observent dans celle du frottement de roulement, mais avec cette différence qu'ils
sont moins accusés. Les aspérités de la surface roulante s'engagent dans les cavités de la surface fixe et
réciproquement, et le mouvement s'opère sans déterminer ces arrachements et ces érosions particulaires
qui constituent, en grande partie, le frottement et qui
exigent sans cesse, de la part du moteur, une production de force additionnelle. Les deux surfaces s'épou-
sent successivement l'une l'autre, les petites aspérités
abandonnent leur mutuelle étreinte avec d'autant plus
de facilité qu'elles se sont plus facilement réunies,
et que la pénétration a eu lieu dans une direction
plus normale à la surface fixe, ou que le diamètre

de la surface roulante a été choisi de plus grande dimension.

L'accroissement du diamètre des roues des véhicules, est, en effet, le but vers lequel tendent les constructeurs, mais divers obstacles les arrêtent, entre autres l'instabilité de la machine de transport, accrue par l'élévation de son centre de gravité. Ils cherchent alors des artifices pour abaisser la charge, ils la placent parfois en dessous des essieux, ainsi que cela s'est fait pour certaines voitures et pour quelques fardiers, destinés au transport des matériaux de construction : ils réalisent ainsi des combinaisons plus ou moins ingénieuses, et qui répondent d'une manière plus ou moins satisfaisante à des besoins déterminés.

C. — LA VOIE. — Chaussées empierrées, pavées, à ornières de bois et de métal. — Les anciennes voies de communication. — Les chaussées romaines, les chaussées de Brunehaut. — Les rues sous Philippe Auguste et les voies sous Colbert. — Les routes impériales, départementales; les chemins vicinaux et ruraux. — Importance de la circulation. — Le personnel des ponts et chaussées et celui des chemins de fer. — Ce que coûte un ingénieur des ponts et chaussées et des mines, d'après M. Flachat.

Des préoccupations de l'ingénieur, la principale est celle qui a pour objet la diminution des aspérités des deux surfaces en contact. Tel est le but que remplissent les cercles garnissant les roues des véhicules, les semelles métalliques fixées aux patins des traîneaux. Pour diminuer les aspérités de la surface de roulement, on emploie les pavés de granit ou de grès, ou les cailloux fichés dans une forme incompressible en sable et que les lourdes charges et les temps alternativement secs et pluvieux ne peuvent facilement déformer. On choisit les cailloux de la meilleure qualité pour les chaussées empierrées ou macadamisées, et avant de les livrer à la circulation des voitures, on a soin d'en comprimer la surface à l'aide de ces rouleaux tantôt en pierre, tantôt en métal, chargés de sable, de pavés ou d'eau et que remorquent péniblement de longs attelages de chevaux, ou, plus aisément, une machine à vapeur superposée. A cette chaussée imparfaite, aux ornières, aux aspérités ou aux dépressions plus ou moins profondes, on substitue des poutres ou longrines en bois, des morceaux de fonte ou des lames de fer et d'acier, et on a le merveilleux moyen de transport qui s'appelle un chemin de fer.

Adieu les durs cahots avec les vieilles pataches dans les mauvais chemins! adieu la musique des grelots au collier des chevaux, interrompue de temps en temps par les coups de fouet du postillon ou par la trompette du conducteur! adieu ces relations qui se nouaient au cours du voyage et se prolongeaient parfois après lui! On ne met plus que dix heures au lieu de onze jours, pour aller de Paris à Strasbourg. Quelques coups de sifflet et, comme en un songe, durant une nuit, on passe du Nord au Sud ou du Levant au Couchant.

Voyez-vous ce tombereau qui ne contient qu'une tonne de cailloux? Un cheval a peine à le tirer sur cette route bien entretenue. Voyez à côté : un même cheval fait avancer sur ces rails un wagon chargé de 8 à 10 tonnes.

Mais les rails de fer n'offrent pas de garanties de durée suffisantes lorsque la voie est très-inclinée et doit résister à l'usage réitéré des freins ou au passage fréquent de lourdes charges. Dans ce cas, on les remplace par des rails d'acier.

Les progrès de la carrosserie et du charronnage, nous le verrons plus loin, sont contemporains des progrès apportés à la construction des chemins et des routes, et le degré de civilisation d'un peuple est en rapport intime avec l'état de ses voies de communication. Que l'on considère les pays excentriques de notre Europe : la Russie, la Turquie, et, sans aller chercher si loin, l'Espagne, dont nous connaissons les chemins par les récits de Théophile Gautier et les dessins de Gustave Doré. Ne trouve-t-on pas les mêmes ornières à l'esprit qu'à la chaussée? Le chemin de fer a contribué à faire le dix-neuvième siècle. Sans lui, nous n'aurions pas accompli ces progrès rapides que tout le monde admire.

Qu'on ne se méprenne pas cependant sur l'importance du rôle que peut jouer un chemin de fer et qu'on ne le croie pas capable d'opérer des transformations dans un pays qui n'offre des ressources ni par l'esprit ou l'industrie de ses habitants, ni par la richesse ou la fertilité de son sol. C'est pour avoir cru à la possibilité de semblables transformations que de nombreux chemins de fer, construits en pays étranger, n'ont produit d'autre résultat que la ruine de ceux qui les avaient entrepris, sans changer d'une manière notable la face des pays déshérités qui en avaient été dotés. Nous ne nous arrêterons pas, d'ailleurs, à cette question économique qui nous ferait sortir de notre sujet et n'a d'ailleurs rien que de très-facile à expliquer.

Les anciens avaient bien compris tout l'intérêt que peuvent offrir de bonnes voies de communication. Ils employaient à leur construction les peuples vaincus, et les établissaient avec une telle solidité qu'on en retrouve encore aujourd'hui quelques-unes en parfait état de conservation. Les Voies Romaines étaient remarquables par leur beauté et leur solidité. Elles étaient formées de blocs énormes de pierre de taille, parfois superposés, reposant sur une couche épaisse de béton, c'est-à-dire de pierres cassées réunies entre elles par un ciment très-résistant. Si nos pères ne connaissaient pas les causes de l'hydraulicité des chaux et des ciments révélées par Vicat, ils connaissaient du moins les mélanges capables d'acquérir par le temps une dureté comparable à celle de la pierre la plus dure.

En première ligne, étaient les voies consulaires, prétoriennes ou militaires destinées au passage des armées ; puis les voies secondaires. Leur largeur, d'ailleurs variable, atteignait 60 pieds romains (17 mètres). Les voies secondaires étaient, à proprement parler, les routes du commerce. Leur largeur excédait rarement 5 mètres. Venaient ensuite l'*actus*, dont la largeur moyenne était moindre de moitié, l'*iter*, *per quod itur*, à pied ou à cheval, enfin le *semi iter*, *semita*, simple sentier de piétons.

Les plus célèbres voies qui nous restent de l'antiquité sont celles qu'on connaît sous les noms de voies Appienne, Aurélienne, Flaminienne, etc. La voie Appienne doit son nom au censeur Appius Claudius (311 avant J.-C.), qui la prolongea jusqu'au delà de Capoue, sur une longueur de 142 milles. La voie Aurélienne, la première qui ait été conduite d'Italie en Gaule, menait de Rome à Arles en longeant la Méditerranée. Elle desservait Nice par le col de l'Escarène, en empruntant la route actuelle du Col de Tende. La voie Flaminienne allait de Rome à Ariminum (aujourd'hui Rimini). Elle avait 360 milles de longueur. Commencée par le consul Flaminius, en 222 avant J.-C., elle fut prolongée ensuite jusqu'à Aquilée, au fond de l'Adriatique. Comme la voie Aurélienne, elle aboutissait à Arles, mais elle passait par Milan, Turin et Suse pour atteindre Briançon et Embrun par le mont Genèvre. De Gap, une bifurcation se dirigeait sur Lyon par Die, Valence et Vienne.

Quelques autres voies romaines existent encore au travers des Alpes. Deux documents d'une grande valeur donnent sur ces routes des renseignements pleins d'intérêt. « Ce sont l'Itinéraire des provinces, dressé au deuxième siècle par les ordres d'Antonin le Pieux et la Table de Théodore, datant de la fin du douzième siècle et plus communément appelée Table de Peutinger, du savant antiquaire qui en prépara la publication[1]. »

---

[1] Charles Durier, *Journal officiel*, 1873.

Ces documents étaient l'Indicateur Chaix de cette époque!

Dans le nord de la France, en Belgique et en Bourgogne, on rencontre encore de belles chaussées, auxquelles on a donné le nom de Brunehaut, mais dont la construction remonte sans doute aux Romains. Il est peu probable que cette reine, au milieu des troubles qui ont agité son règne, ait pu donner ses soins à l'exécution des grands travaux qu'on lui attribue.

Ce qui est certain, c'est que les chaussées dont nous venons de parler, dues ou non à Brunehaut, remontent à une date très-ancienne. Leur existence actuelle ne fait que mieux prouver l'excellence de leur construction.

Mais ce qu'ont pu faire les Romains, grâce aux armées dont ils disposaient et malgré des moyens d'exécution grossiers, est devenu après eux, et pour longtemps, tout à fait impossible.

A la fin du douzième siècle, Philippe Auguste a amélioré les rues et les routes de son royaume.

Plus tard, Colbert a créé de nouveaux moyens de communication. Il s'est occupé de la réparation des routes existantes et de la construction de voies nouvelles. C'est lui, rappelons-le en passant, qui a fait construire le célèbre canal du Languedoc et projeté celui de Bourgogne.

A cette époque, le corps des ponts et chaussées était déjà créé. Sa fondation remonte à Louis XIII, mais c'est seulement à dater de 1759, époque de son

organisation par Trudaine et Perronnet, que les travaux de viabilité reçurent une impulsion considérable :
les grands ponts de Neuilly, de Mantes et d'Orléans
furent construits. Toutefois, le corps des ponts et
chaussées ne reçut sa constitution définitive qu'à dater
du décret impérial du 7 fructidor, an XII (25 août
1804), complété par les décrets des 13 octobre 1851
et 17 juin 1854.

Dès lors, on s'occupa de la construction de ces
routes magnifiques, à chaussée entièrement pavée,
mesurant, y compris les accotements destinés aux
piétons, jusqu'à 14 mètres de largeur.

A côté des *routes nationales*, réparties en trois
classes, selon qu'elles unissent Paris à un État voisin ou à un port militaire, — à une des principales
villes de France, — ou qu'elles établissent une communication transversale entre plusieurs départements,
— se placent les *routes départementales* construites
et entretenues avec les fonds votés par les conseils
généraux des départements, — puis, les *chemins vici-*
naux, qui relient les routes aux villages ou les villages entre eux, et enfin les *chemins ruraux* destinés
à faciliter les travaux de l'agriculture et entretenus,
comme les précédents, par les communes intéressées.
Nous comptons :

Routes nationales et départementales. .   86,628 kilom.
Chemins vicinaux.. . . . .   518,000 —

La circulation sur les routes nationales a été l'objet
de comptages qui permettent d'en apprécier l'impor-

tance. Elle est de 3,200 millions de colliers à 1 kilomètre ce qui signifie qu'elle est représentée par environ 1 800 000 tonnes transportées à la même distance.

Quant au nombre des inspecteurs généraux, ingénieurs en chef, ingénieurs ordinaires et élèves-ingé-
nieurs chargés des travaux de construction et d'entretien des routes nationales, il est de 575. Indépendamment du service des routes nationales, ces ingénieurs
ont encore celui des rivières, des canaux, des ports
et des travaux maritimes, etc., et sont, d'ordinaire,
chargés des travaux à exécuter pour les routes départementales.

On peut se faire une idée des sacrifices que fait
l'État pour la construction et l'entretien des voies de
communication, par les sommes énormes qu'il consacre *à l'enseignement* du personnel auquel il confie
la direction des travaux. Un ingénieur des ponts et
chaussées, à sa sortie de l'école, se trouve avoir coûté
à l'État 20 000 francs ; un ingénieur des mines plus
du triple : 61 000 francs [1].

Les voies de terre perdant de leur importance, depuis l'impulsion donnée à la construction des voies
ferrées, les ingénieurs des ponts et chaussées passent
au service des compagnies et contribuent avec les
ingénieurs sortis de l'École Centrale et de quelques
autres écoles à la construction et à l'exploitation de
ces nouvelles voies.

Le personnel qui appartient aux compagnies de

[1] Compte rendu de la société des ingénieurs civils. — Séance du
8 janvier 1869.

chemins de fer est considérable. Peu de personnes
s'en font une idée exacte. Voici, à cet égard, les renseignements que nous extrayons de l'ouvrage de
M. Jacqmin, Directeur de la Compagnie de l'Est.

Le seul personnel de l'exploitation de la Compagnie
de l'Est se composait, au 31 décembre 1865, de :

5517 hommes commissionnés. . ⎫ 7966 agents.
2449 hommes en régie. . . . . ⎭

Ce chiffre étant pris comme base, le nombre des
agents attachés à l'exploitation des voies ferrées, en
France, serait de 60 000 environ.

II. — DE LA LOCOMOTION SUR L'EAU.

La feuille, la branche, le tronc d'arbre et le bateau. — Rivières, fleuves,
canaux, lacs, mers, océan. — Les ondulations. Les marées, les courants
et les vents. — Les vagues, la tempête et les navires transatlantiques. —
Le réseau des voies navigables en France.

La sécurité de la locomotion sur le sol, sur cette
terre, qui est notre élément, cesse au moment où nous
l'abandonnons pour nous lancer sur l'eau. Nous n'a-
vons plus cette base ferme et solide sur laquelle nos
pieds, malgré leur faible étendue, trouvaient un appui
suffisant, et, pour nous soutenir sur l'eau, nous devons
nous développer de tout notre corps et fournir la plus
grande surface possible.

Encore ne nous éloignons-nous jamais du rivage auquel nos forces épuisées nous rappellent bientôt. Pour
tenter de longs voyages, nous devons emprunter un

véhicule et nous demandons à nos bras, au flot lui-
même, au vent, à la vapeur, enfin, un secours indispensable. Il est impossible de dire, avec Gessner, quel
fut le « premier navigateur. » Le premier homme qui
tenta l'aventure vit-il une feuille tombée dans l'eau,
emportée par le vent, ou bien une branche, un roseau
peut-être, ou un tronc d'arbre entraîné par un courant,
et l'idée lui vint-elle de faire comme la fourmi sur la
feuille ou l'oiseau sur la branche? On ne sait : mais
bientôt il creusa l'arbre pour le rendre plus léger, se
fit une voile d'un morceau de toile, imagina la rame
et le gouvernail.

Qui saurait dire ce que le sombre gouffre a en-
glouti de victimes et de combien de vies a été payé
chaque progrès accompli dans l'art de la navigation!

Les rivières, les fleuves et encore moins les canaux
n'offrent, eu égard à leur faible largeur et à leur faible profondeur, aucun danger sérieux dont la navigation ne se soit rendue maîtresse depuis longtemps. Un
cours plus ou moins rapide, un lit plus ou moins
profond, pas plus de vent que sur la terre et un abor-
dage presque toujours facile à tout moment du parcours, telles sont les conditions générales de la navigation fluviale, qui n'a d'autre inconvénient que sa
lenteur ; telles sont aussi les conditions de la navigation sur les lacs, à cela près que, sur quelques-uns
d'entre eux, le vent soulève parfois des bourrasques,
devant lesquelles les légères embarcations doivent fuir
et regagner la rive.

Mais, il en est tout autrement de cette grande étendue d'eau salée qui couvre les trois quarts de notre globe, de l'Océan et des mers secondaires.

Combien diffère du sol qui conserve la trace éternelle des travaux de l'homme, cette masse liquide incessamment mobile, incessamment agitée, plissée d'ondulations que le moindre zéphir gonfle, grossit, et que le vent grandissant fait éclater en tempêtes, vaste champ d'observations que l'homme ne connaît pas encore, vaste corps insondé dont les savants n'ont pu mesurer encore les capricieuses pulsations !

Le problème, que nous avons indiqué, de la recherche des lois du frottement entre deux corps solides, problème dont la solution dernière n'a pas encore été donnée, paraît bien simple à côté de celui du déplacement d'un corps solide à la surface des eaux. Les plus grands géomètres ont cherché à le résoudre : Newton, Lagrange, Laplace, Cauchy, Airy, Fronde, Macquorne Rankine, etc.; et cette question, si elle a été quelque peu éclaircie, ne laisse pas que d'être encore enveloppée de ténèbres épaisses.

Une pierre jetée dans l'eau donne naissance à des courbes dessinant à sa surface des cercles concentriques d'un rayon croissant. L'eau paraît fuir le centre frappé, et pourtant elle ne se déplace pas. Ce phénomène n'est autre que celui qu'on produit avec une corde étendue sur le sol, puis relevée et abaissée brusquement. Les divers points de la corde montent et descendent et, l'action cessant, reprennent sensiblement leur position première. Les cercles concentriques, qui se sont produits sur l'eau, sont le résultat de l'incompressibilité du liquide, de son élasticité. Comprimées par la chute de la pierre, les molécules aqueuses, placées sous celle-ci, ont soulevé celles qui étaient à l'entour en un cercle saillant. Celles-ci, s'abaissant en vertu de leur poids, ont déterminé la formation d'un second cercle, celui-ci d'un troisième et ainsi de suite ; les saillies diminuant, les intervalles augmentant, les ondulations se sont éteintes et, après une série d'oscillations, le calme s'est rétabli.

Quelles sont les lois de ces ondulations dues à la chute d'un corps dans l'eau, dues aussi à la progression d'un corps solide à sa surface ?

Il n'y a que trouble dans l'esprit des savants sur la nature, la direction et l'amplitude du mouvement moléculaire dans l'ondulation.

Ils sont à peu près d'accord sur ce fait : que la direction du mouvement est verticale ou sensiblement verticale ; mais sur ce point seul ils s'entendent.

Indépendamment de ces mouvements que prend la masse liquide sous l'action du navire qui progresse à sa surface, il s'en produit encore d'autres qui sont dus aux attractions de la lune et du soleil combinées, au mouvement de rotation de la terre, aux différences de densité résultant des différences de température et de salure des eaux, enfin aux courants et aux vents.

Le soleil et la lune exercent sur les eaux une attraction d'autant plus sensible que l'étendue des mers est plus considérable. Telle est la cause du phénomène des marées.

La surface des mers se trouve, dans son immense

étendue, soumise à des différences de température, —
élévation dans les régions équatoriales, abaissement
dans les régions tropicales, — à des différences de
salure qui déterminent des différences de densité.
L'équilibre cesse tous les jours d'exister dans la masse
des eaux, les mêmes causes amenant les mêmes variations de densité. Les parties les plus denses gagnent
l'équateur, sous l'influence du mouvement de rotation
de la terre; les parties les moins denses ou les plus
légères se dirigent, au contraire, vers les pôles, où
elles se refroidissent de nouveau.

La masse d'air, qui règne au-dessus des mers, est
soumise aux mêmes causes de perturbation que celle
des eaux. L'air enlève des quantités de vapeur considérables, qui gagnent les parties supérieures de l'atmosphère où elles se condensent. Les mêmes variations de densité déterminent, à des degrés divers, les
mêmes mouvements dans la masse gazeuse et donnent
naissance aux vents, d'intensité et de direction fixes ou
variables.

Ainsi donc, trois causes, incessamment renaissantes,
troublent la surface des eaux : *les marées, les courants* et *les vents*.

Les marées ne produisent d'action sensible sur la
navigation que dans le voisinage des côtes et passent
inaperçues au milieu de l'Océan. Les marins doivent
cependant avoir égard aux mouvements d'élévation
et d'abaissement des eaux qui se produisent dans certaines mers. « La Manche et la mer du Nord se vident
et se remplissent. L'Adriatique subit une différence

de niveau à laquelle la Méditerranée semble ne participer que faiblement. La mer Rouge subit des différences de niveau de un à deux mètres, et dans le golfe Persique ces différences sont beaucoup plus fortes [1]. »

Les courants, aussi bien que les vents, sont des auxiliaires ou des entraves pour la navigation. Aussi, les navires à voile, qui se rendent dans certains pays, ont-ils soin de faire coïncider l'époque de leur voyage avec celle des courants et des vents favorables dans les mers qu'ils doivent parcourir. C'est ainsi, par exemple, que les navires à voile parcourant la mer Rouge, allant de Suez aux Indes, exécutent ce voyage en avril et mi-septembre, — période durant laquelle soufflent les vents du nord, — et reviennent du détroit de Bab-el-Mandeb à Suez entre octobre et avril, époque à laquelle les vents ont changé de direction et soufflent du sud.

La vitesse des courants généraux varie, en mer, entre $0^m,25$ et $0^m,75$ par seconde ; les courants locaux, dus aux marées, dépassent rarement 2 mètres. En certains points, cependant, cette vitesse peut atteindre 5 mètres par seconde.

Mais la principale cause d'agitation de la mer est l'action du vent, dont l'intensité varie depuis la brise jusqu'à l'ouragan, depuis une vitesse nulle jusqu'à 45 *mètres par seconde* et peut exercer, dans cet intervalle, des pressions variables de 0 à 277 kilogram. *par mètre carré* ; c'est alors l'ouragan qui déracine les arbres, renverse les édifices, et que les navires doivent fuir.

[1] Flachat.

Jusqu'à quelle profondeur s'étend cette agitation de la mer sous l'action du vent ? On ne sait. La vie animale se maintient à 160 mètres. L'extraction du fond de la mer de tronçons de câbles sous-marins a prouvé qu'elle avait lieu à 2,000 et 5,000 mètres, mais il est peu probable que l'agitation de la mer atteigne ces grandes profondeurs, et l'on doit plutôt attribuer les mouvements qui ont été constatés à des différences de densité dont la fonction est de maintenir un équilibre de composition, une homogénéité constante entre les diverses parties des Océans.

L'agitation de la mer se traduit à sa surface par la formation des ondulations que, dans le langage ordinaire, on nomme des *vagues*. Tant que le vent reste faible, les vagues sont peu accusées, et il ne se produit qu'un phénomène de soulèvement et d'abaissement alternatifs de la surface liquide, phénomène absolument semblable à celui que l'on constate, au moment de la moisson, à la surface d'un grand champ de blé ; les épis s'inclinent, se relèvent, puis s'inclinent encore et se relèvent de nouveau, par zones plus ou moins étendues ; les oscillations se succèdent à intervalles plus rapprochés, quand la violence du vent augmente ; les épis *semblent* fuir et cependant restent fixés au sol. Il faut une tempête violente pour les en arracher et les transporter au loin. De même, quand sur la mer les ondulations grandissent et les vagues s'élèvent, le vent qui frappe leur crête la brise et la rejette en une volute d'écume sur le flanc de la vague. Il y a, dans ce cas, un *réel* mouvement de translation.

Les vagues ne sont pas, d'ailleurs, ces montagnes liquides qu'a cru voir une imagination trop vive au fort de la tempête. Les navigateurs les plus expérimentés, dont les observations méritent le plus de créance, n'ont pas constaté de hauteurs supérieures à 15 mètres. C'est le quart du chiffre indiqué, d'une manière approximative, par certaines personnes dont les yeux seuls ont servi d'instrument de mesure. Les dangers auxquels on est exposé au milieu d'une tempête, sont assez nombreux pour qu'on cherche à détruire les préjugés que l'ignorance ou la frayeur ont fait naître.

Il ne faut pas juger non plus des secousses que ces vagues peuvent produire sur la coque d'un bâtiment, par les effets qui résultent de leur choc contre les falaises, les jetées ou les murs de quais, obstacles immobiles opposés à la fureur de la mer. Sous un effort trop violent, le bâtiment s'incline, puis, l'effort cessant, se redresse. Mais si la falaise est de roche peu résistante, si le mur n'est pas fait de bons matériaux, reliés par le meilleur mortier, s'il n'est pas suffisamment épais, la vague l'ébranle et bientôt le détruit.

La seule condition à remplir pour que le navire résiste, c'est qu'il constitue une masse parfaitement indéformable et de dimensions assez grandes pour rester insensible aux agitations de l'Océan. Ces dimensions sont celles des bâtiments qui font aujourd'hui le service de l'Amérique et de l'Australie.

Résumons les quelques indications qui précèdent :

L'immense plaine nue de l'Océan est la carrière libre des vents, et les véhicules ou les navires qui se lancent à sa surface n'ont ni un sol solide comme appui, ni une atmosphère calme comme milieu; instabilité constante au-dessous, instabilité constante au-dessus, toutes deux indissolublement unies, mais non pas sans limites dans leurs ébranlements et dans leurs fureurs.

Au-dessus de ces tempêtes de l'air et des eaux s'élève l'homme, plus fort de son expérience que de ses calculs, car c'est à peine s'il a entrevu la vérité dans tous ces phénomènes qui le frappent et pénétré l'un des innombrables mystères qui se passent au sein des eaux.

Peut-on chiffrer l'importance des moyens de communications maritimes offerts à l'activité des nations?

Le réseau des voies navigables intérieures qui sillonnent notre pays, comprend :

> 500 kilom. de rivières flottables;
> 7000 kilom. de rivières navigables;
> 4800 kilom. de canaux.

Soit, en totalité, 12,300 kilomètres.

La mer appartient à tous les peuples, et l'on peut dire que sa surface, presque tout entière, est ouverte à leur commerce et à leur industrie.

Les cinq Océans ont une surface de plus de 373 millions de kilomètres carrés ainsi répartis :

	Superficie en millions de kilomètres carrés.	Rapport à la surface totale du globe.
Océan glacial du Nord	11.0	1.2
— du Sud	20.0	3.9
Océan Atlantique	100.0	19.6
Océan Indien.	67.8	13.3
Grand Océan ou Océan Pacifique.	175.0	35.0
Les cinq océans.	373.8	73.0
Europe	10.0	2.0
Afrique	30.2	5.9
Asie.	41.8	8.2
Océanie	10.9	2.2
Amérique { du Nord.	24.2	4.9
{ du Sud	19.1	3.8
Les cinq parties du monde .	136.2	27.0
Continents et Océans. . . .	510	100

Grâce à la navigation à vapeur, le voyage autour du monde est devenu chose facile. On compte :

	milles.	
De San Francisco à Yokohama	4700	
De Yokohama à Hong-Kong	1600	
De Hong-Kong à Calcutta.	3500	
De Calcutta à Bombay	1400	
De Bombay à Suez.	3600	milles. 23 500
De Suez à Alexandrie.	225	
D'Alexandrie à Brindisi.	850	
De Brindisi à Londres	1200	
De Londres à New-York.	3200	
De New-York à San-Francisco	3294	

Ce voyage peut être effectué en moins de 3 mois, 82 jours, dit-on, et moyennant la somme de 1145 dollars (monnaie d'or).

D'Europe, aussi bien que d'Amérique, le voyage est entrepris. Il offre trop d'attraits pour que nous ne croyions pas au succès de ces nouveaux trains de plaisir au long cours. Heureux ceux qui peuvent y prendre part!

III. — DE LA LOCOMOTION DANS L'AIR.

Les vents. — La chute d'un corps dans l'air et dans le vide. — Les oiseaux et les ballons. — La direction des ballons paraît une utopie. — Invention d'un moteur à poudre.

Nous connaissons déjà l'air par ce que nous en avons dit à propos des tempêtes qu'il soulève à la surface des mers, et nous n'avons pas besoin d'insister de nouveau sur la violence des mouvements dont sa masse est souvent agitée pour faire comprendre les difficultés que trouve l'homme à s'y mouvoir dans une direction déterminée. En passant de la terre sur l'eau, du corps solide sur le corps liquide, les points d'appui qui doivent servir de base à la locomotion perdent de leur fixité, et le véhicule ne devient stable qu'en intéressant à ses mouvements une grande masse de liquide; dans l'air, dont les propriétés essentielles sont la mobilité et la compressibilité, les points d'appui manquent presque absolument, nous disons *presque*, car le vide seul admet dans ce cas l'absolu : un morceau de pa-

pier, que nous laissons tomber dans l'air tranquille,
ne descend jamais verticalement ; il est dévié de cette
direction par l'air qui presse sa surface ; dans un tube,
où nous aurons fait le vide, ce même morceau de papier tombera dans une direction qui se rapprochera
d'autant plus de la verticale que le vide aura été fait
d'une manière plus parfaite, et il suivra rigoureusement la verticale, si le vide est absolu.

C'est seulement en comprimant la masse gazeuse
environnante que le véhicule aérien se crée un appui
et peut se mouvoir dans telle ou telle direction.

L'air est le lieu de locomotion de tous les animaux
ailés qui le parcourent en dépit du vent — tant que
ce vent n'est pas tempête — avec une vitesse qui
varie selon l'espèce, et dans toutes les directions, en
demeurant toutefois dans une zone qui ne s'étend pas
au delà de 7 000 mètres au-dessus du niveau de la mer.
C'est à la limite des neiges éternelles au sommet de la
Cordillère des Andes, entre 3500 et 4800 mètres
au-dessus du niveau de la mer, que le condor fixe d'ordinaire sa demeure. La frégate s'avance en mer à des
distances de plus de 400 lieues, saisissant au vol à la
surface de l'eau les poissons dont elle fait sa nourriture.

Mais quels appareils merveilleux que ces ailes qui
servent aux oiseaux à se soutenir et à progresser dans
l'air ! Voyez d'abord leur charpente, la solidité des
points d'attache de leurs os au thorax, la construction
de ces os, tubes creux et cellulaires, unissant la force
à la légèreté, voyez maintenant les rémiges, les barbes,

rames à large surface, capables de prendre des incli-
naisons diverses et de concourir avec les pennes rec-
trices de la queue à gouverner leur vol! Et quelle
force dans l'oiseau, eu égard à la petitesse de sa taille,
pour faire mouvoir ces instruments si simples et si
complets!

Qu'on rapproche maintenant cette admirable struc-
ture de la construction grossière des appareils avec
lesquels, jusqu'à présent, on s'est élevé dans l'air. Un
globe énorme de forme sphéroïdale, gonflé d'un gaz
plus léger que l'air, dont la force ascensionnelle croît
en raison de son volume et de la différence des den-
sités, voilà l'appareil. On a donné à l'aérostat jusqu'à
6000 mètres cubes de capacité, avec une surface
exposée au vent d'environ 400 mètres carrés; telles
sont les dimensions du *Géant*; tel est l'appareil que
les aéronautes ont eu parfois la pensée de gouverner,
à l'aide de trois ou quatre palettes d'une surface relativement insignifiante, à l'aide d'une ou de plusieurs
hélices, d'une ou de plusieurs roues!

Il n'est personne qui n'ait éprouvé l'effet d'un vent
un peu violent et qui ne se soit senti entraîné par lui.
Et cependant la plus grande surface que notre corps
offre au vent n'est guère que de 1 mètre carré. Qu'on
juge par là de la pression que produit sur la surface
400 fois plus grande d'un corps qui ne repose sur
aucun point solide, un vent dont la direction peut
changer à chaque instant et dont la vitesse est variable, depuis 30 mètres par minute pour le vent le
plus faible, jusqu'à 2700 mètres pour l'ouragan, ce

qui, dans ce dernier cas, représente 162 kilomètres à l'heure, c'est-à-dire trois fois environ la vitesse du train rapide de Paris à Marseille !

M. Babinet a dit à l'Association polytechnique : « *La théorie de la direction des ballons est absurde.* Comment faire ?

« Comment faire résister et manœuvrer, contre les courants, des ballons comme le *Flesselles*, par exemple, qui mesurait 120 pieds de diamètre? Il faudrait une force de 400 chevaux pour mettre en lutte à peu près égale avec le vent une voile de vaisseau. Supposez, ce qui est impossible, qu'un ballon pût emporter avec lui une force de 400 chevaux ; ce grand effort ne servirait absolument à rien, car nous apprécions tout de suite que, sous cette pression, votre ballon s'écraserait dans sa fragile enveloppe.

« Supposez tous les chevaux d'un régiment attachés par une corde à la nacelle d'un ballon, vous obtiendriez pour tout résultat de voir voler en éclats votre ballon.

« C'est tout à fait ailleurs que l'homme doit chercher les moyens de s'élever, ce qui veut dire en même temps de se diriger dans l'air. »

Les faits qui précèdent sont si simples qu'on ne s'explique pas comment un si grand nombre d'inventeurs n'en ont pas été frappés et ont vainement poursuivi la recherche de la direction des ballons.

Le problème de la navigation aérienne, comme celui de la navigation maritime, est double. Le véhicule doit trouver sa base de sustentation sur le milieu, eau ou air, qu'il doit parcourir ; il doit, en outre, être dirigeable. Les ballons satisfont à la première partie de la question, mais leur volume rend incompatibles les deux parties du problème. La seule ressource de l'aéronaute est de s'élever ou de s'abaisser dans l'air, à la recherche d'un courant soufflant dans la direction qu'il veut suivre. S'il ne le trouve pas, il doit abandonner la lutte, car il ne pourra que s'éloigner de sa destination. En résumé, la direction des *ballons* est entourée de telles difficultés qu'on peut la considérer comme irréalisable.

La question nous paraît donc devoir se poser de la manière suivante : *Trouver un moteur qui, sous un volume restreint, réunisse une très-grande puissance à une très-grande légèreté.* On peut être certain que le jour où ce moteur sera trouvé, la direction des ballons le sera du même coup, car il ne s'agira plus que de l'application d'une force à un appareil ailé dont la nature nous offre un assez grand nombre de spécimens et que l'homme pourra construire de toutes pièces dans un temps certainement limité. La question du gouvernement de l'appareil deviendra l'objet d'une étude pratique dont un certain nombre d'expériences fourniront la solution.

Il est incontestable que l'une des voies qui pourraient conduire à la découverte du moteur nécessaire est celle qui reposerait sur l'utilisation d'une des propriétés physiques ou chimiques de l'air, ou de l'un de ses gaz constituants, oxygène ou azote, et plutôt du premier, source de combustion et de vie, que du second, qui n'a que des propriétés négatives. Le moteur aurait ainsi son aliment au sein de la masse même où il se meut.

Il y a des corps que l'homme a trouvé le moyen de lancer et de diriger dans l'air, avec une vitesse qui défie celle des vents, au plus fort de l'ouragan. Ce sont les projectiles qui sortent des armes à feu et qui ont été utilisés comme moyens de transport, comme porte-amarres, etc. La poudre vient d'être appliquée récemment aux sonnettes qui servent à enfoncer les pieux. La charge d'un fusil suffit pour actionner un mouton de 180 kilogrammes. Que le lecteur ne sourie pas! Nous n'avons pas l'intention de le mettre à cheval sur un boulet ou sur un javelot ailé et de le lancer ainsi dans l'air, à la vitesse vertigineuse que produit l'explosion de la poudre ou celle d'un picrate quelconque; mais, en raison des effets foudroyants dus à la combustion instantanée et à l'explosion de certaines matières fulminantes, n'est-il pas permis de supposer que l'homme pourra fixer le régime de ces sources de forces, en rendre l'action continue et la régler enfin selon le but particulier qu'il se propose?

L'homme doit-il prétendre lutter contre toutes les tempêtes de l'atmosphère? Nous ne le croyons pas. Ses efforts doivent tendre à triompher du vent, tant que son intensité ne dépasse pas certaines limites, à tirer parti des courants naturels de l'air, comme il le fait de ceux de la mer ou des rivières, *ces chemins qui marchent,* ainsi qu'a dit Pascal; mais il doit se résigner, quant à présent, à fuir les ouragans de l'air comme il fuit ceux de l'Océan, se rappelant sans cesse son infimité vis-à-vis du grand maître de la nature.

CHAPITRE II

LES ANIMAUX MOTEURS

I. — L'HOMME MARCHEUR, COUREUR, PATINEUR, ÉCHASSIER

Quelle a dû être la situation de notre premier père à sa sortie des mains du Créateur, et quel ressort a pu le pousser à se mettre sur ses jambes et à quitter la place où Dieu l'avait fait naître ? Est-ce la faim, est-ce le désir de contempler les beautés du monde terrestre qui lui était donné comme séjour ? Est-ce une sensation, est-ce un sentiment qui a parlé le premier ? L'être matériel s'est-il révélé avant l'être moral ? Les philosophes résoudront, s'il leur plaît, cette question. Pour nous, nous supposerons tout simplement que les muscles de la locomotion ont bien pu être impressionnés par ceux de l'estomac et que, la manne ne tombant pas du ciel, l'homme alla chercher des fruits pour satisfaire son appétit.

Quant à ses descendants, ils suivirent l'exemple de leur père, à cela près que peut-être ils commencèrent

à marcher à quatre pattes, pour ne plus marcher
bientôt que sur deux et pour finir avec trois, comme
l'a fait remarquer le fils de Laïus et de Jocaste.

Mais nous laissons l'enfance et la vieillesse de
l'homme pour ne nous occuper que de son âge mûr et
de l'individu à l'état parfait.

Tandis que la plante meurt où elle a poussé, que la
bête broute le sol qui l'a vu naître, l'homme seul va
chercher bien loin les aliments nécessaires à sa vie
matérielle, à sa vie intellectuelle. Aussi comprend-on
bien que les anciens aient tenu en si grand honneur
les exercices de la marche et de la course, les seuls
moyens qu'avait l'homme, aux époques primitives,
d'entretenir les forces de son corps et de pourvoir à
l'activité de son cerveau.

On sait que des couronnes étaient réservées aux
vainqueurs des courses aux jeux olympiques. C'est
qu'alors on attachait plus d'importance qu'on n'en
donne aujourd'hui à la forte constitution de l'homme.
La guerre était le but principal dans lequel on formait
des jeunes gens vigoureux, mais les travaux de la paix
bénéficiaient aussi des exercices du gymnase, et la
santé du corps, l'équilibre maintenu dans l'accom-
plissement de toutes ses fonctions n'étaient pas sans
influence sur les productions du cerveau : Athènes et
Rome resteront le berceau toujours admiré des lettres,
des sciences et des arts.

La jeunesse tout entière était formée aux exercices
du corps, les hommes étaient généralement bon marcheurs (on se rappelle l'usage qui existait à Sparte de

sacrifier, dès leur naissance, les enfants difformes).
Mais, parmi tous ces hommes, quelques-uns se sont
trouvés doués de cette poitrine plus large, de ces
jambes mieux musclées et plus longues, dont les mé-
dailles où les vases anciens nous ont laissé l'image et
dont les historiens et les poëtes nous ont raconté les
hauts faits.

Sans parler d'Achille aux pieds légers, que tout le
monde connaît, on peut citer Hermogène, de Xante
(en Lycie), qui remporta huit victoires en trois olym-
piades, Lasthine le Thébain, qui battit un cheval à la
course, et Polymestor, jeune chevrier de Milet, qui
attrapait un lièvre à la course.

Au moyen âge, on trouve des coureurs émérites au
service de la noblesse. De grands gaillards « *fort bien
fendus,* » à l'haleine longue, au costume léger, ornés
de plumes, de clochettes, de rubans, s'en allaient en
avant du carrosse de leur maître pour annoncer son
arrivée. Tantôt ils étaient pieds nus, tantôt ils n'a-
vaient que des chaussures légères. Ils portaient à la
main une longue canne terminée par une pomme d'argent, dans laquelle ils enfermaient leur repas. Inutile
de dire que ces hommes vivaient peu et que, du jour
où leurs membres épuisés réclamaient le repos, le
corps tout entier cédait à l'excès de la fatigue, et ils
succombaient.

De ces coureurs, il n'est guère resté que le nom ; il
existe encore des *valets de pied* en France et des
footmen en Angleterre ; mais l'aristocratie a très-
heureusement renoncé au privilége qu'elle tenait de

la féodalité d'avoir à son service des hommes dont
elle faisait des esclaves, honteusement soumis à tous
ses caprices. Les valets de pied usent maintenant des
voitures comme leurs maîtres, et ce n'est plus qu'aux
cortéges des rois, à des occasions solennelles, qu'on
les voit cheminer à côté des chevaux d'apparat, dont
ils servent à régler l'allure et à diriger la marche.

On rencontre encore des coureurs dans quelques
pays primitifs, où ils sont chargés du service de la
poste, chez les Cafres, par exemple. Munis du message
de leur maître pour un chef voisin, les coureurs partent dans le plus simple appareil, mâchant seulement
quelques feuilles de tabac, dont le jus sert à tromper
leur soif. Dès qu'ils ont la réponse attendue, ils re-
partent en courant.

Les plus singuliers coureurs sont ces petits négril-
lons, à peine vêtus de lambeaux, qui se cramponnent
à la queue des chevaux arabes et les suivent à la course.
Le cheval arrêté, ils vont de la queue à la tête et gar-
dent le coursier pendant que le maître vaque à ses
plaisirs ou à ses affaires.

Mais s'il n'y a plus d'autres coureurs que ceux que
l'on voit paraître en maillot, de temps en temps, dans
les villes de province et qui en font le tour pour
quelques pièces de monnaie, il y a encore des marcheurs.

Ceux que j'admire le plus sont ces soldats qui, avec
des charges de 15 à 20 kilogrammes, des vêtements
étouffants et une coiffure aussi pesante que ridicule,
font des étapes variables de 30 à 40 kilomètres pen-

dant quinze à vingt jours consécutifs ; et je mets au nombre des faits les plus remarquables, les marches forcées des armées en campagne. Les distances parcourues en un jour, durant les guerres du premier empire, ont atteint 48 et même 60 kilomètres. Qu'on se rappelle le passage des Alpes ou la retraite de Russie : dans un cas, un faîte à franchir avec des canons et tout un matériel de guerre ; dans l'autre, une longue marche à fournir dans la neige ou dans la boue, en dépit du froid et de la faim. Il faut, chez les hommes qui accomplissent de semblables hauts faits, une force physique doublée d'une force morale exceptionnelle, comme peuvent seuls en faire naître des événements extraordinaires. Mais fallait-il exciter tant de vertu pour verser tant de sang ?

Le soldat rentrant au village devient souvent facteur rural ; nous le voyons, dans certaines parties montagneuses de la France, faire, pour un salaire des plus modestes, un service des plus fatigants. Les vélocipèdes, dont nous parlerons plus loin, viendront-ils quelque jour rendre leur tâche moins rude ? Nous n'osons l'espérer ; car, tandis que le facteur passe partout, à travers champs, dans les sentiers, sur les rochers, le vélocipède ne passe que sur les chemins frayés, sur les chaussées unies et peu inclinées. Combien de nos chemins vicinaux ne pourraient convenir à ces légers véhicules !

Indépendamment de ces marcheurs de profession, il apparaît de loin en loin quelque marcheur hors ligne. L'un des plus remarquables est le capitaine Bar-

clay. C'était en juillet 1809; il paria 3000 livres sterling (75 000 francs), qu'il parcourrait en 1000 heures
consécutives un espace de 1000 milles. Les paris
s'élevèrent même jusqu'à 100 000 livres sterling
(2 500 000 francs) : 41 jours et 41 nuits de marche
non interrompue ! La distance de 1000 milles correspond à 1609 kilomètres ou 402 lieues. Le pari fut
gagné, et le retour du capitaine Barclay salué par les
cloches sonnant à toute volée.

Mais qu'importent ces tours de force, aussi dépourvus d'utilité pour celui qui les exécute que d'intérêt
réel pour celui qui les observe ? La marche des Landais
dans les pays marécageux qui s'étendent entre la Garonne et l'Adour, depuis la Gélise jusqu'aux dunes de
l'Océan, ou des Hollandais sur le miroir glacé de leurs
canaux, nous paraît plus digne de fixer l'attention.

C'est du haut de ses échasses, qui l'élèvent de
1 mètre à 1^m,60 au-dessus du sol, que le berger landais garde son troupeau. Un bourrelet de bois, de corne
ou d'os, appelé *cret* ou *pedis*, garnit la partie inférieure de ces échasses et les empêche de pénétrer dans
la vase. Le pâtre porte à la main un long bâton, appelé
paou tchanquey, et qui lui sert de balancier quand il
marche ou de point d'appui quand il veut se reposer.
Ainsi perché sur ces *chanques*, il domine la bruyère,
traverse les marais, garde ses troupeaux et se garde
lui-même des attaques des loups. Il s'en va ainsi tous
les jours, insoucieux, entre ciel et terre, et tricotant
quelque paire de bas de laine couleur de bête.

C'est au moment où l'hiver semble ralentir l'acti-

Fig. 4. — Habitants des Landes

vité de tous les êtres que les Hollandais se livrent
au plaisir tant aimé de Klopstock et de Gœthe. La
surface polie des canaux qui sillonnent la Hollande
forme comme autant de chemins propres à la circulation. Ce sont, non-seulement des champs ouverts à
leurs jeux et sur lesquels ils se livrent, hommes et
femmes, à des *courses de vitesse*, ce sont encore des
voies de communication rapide, que les femmes suivent pour aller au marché, les hommes pour se rendre
à leurs travaux. Le patin est aussi appliqué à l'art militaire, et il s'est formé, dans différents pays du Nord,
des corps de patineurs, armés à la légère, et qui,
grâce à la rapidité de leur course, peuvent rendre,
dans certains cas, de très-utiles services.

Mais le patin et l'échasse ne s'emploient que dans ces
cas particuliers où la surface du sol est fangeuse ou
glacée. Hors de là, l'homme retombe sur ses jambes,
c'est-à-dire sur des organes qui ne doivent fournir,
d'une manière normale, qu'une course de peu d'étendue. Que l'on rapproche, en effet, la constitution ana-
tomique de l'homme de celle des animaux le mieux
doués pour la marche, ou pour la course, et l'on remarque qu'il manque de ces deux qualités essentielles,
qui font le mérite de ces animaux : la force des muscles des membres locomoteurs, le développement de
la capacité thoracique et des organes respiratoires qui
y sont renfermés.

II. — LE CHEVAL, L'ANE, LE MULET, L'HÉMIONE,
LE BŒUF, LE YACK, LE BISON, LE CHAMEAU, L'ÉLÉPHANT, LE RENNE,
LE CHIEN, L'AUTRUCHE.

L'homme s'est emparé du cheval et l'a dompté.

« La plus noble conquête que l'homme ait jamais faite est celle de ce fier et fougueux animal... », a dit Buffon. « Non-seulement il fléchit sous la main de celui qui le guide, mais il semble consulter ses désirs ; et, obéissant toujours aux impressions qu'il en reçoit, il se précipite, se modère ou s'arrête et n'agit que pour y satisfaire. C'est une créature qui renonce à son être pour n'exister que par la volonté d'un autre ; qui sait même la prévenir, qui, par la promptitude et la précision de ses mouvements, l'exprime et l'exécute ; qui sent autant que l'on désire et ne rend qu'autant qu'on veut ; qui, se livrant sans réserve, ne se refuse à rien, sert de toutes ses forces, s'excède et même meurt pour mieux obéir. »

Selon la Fable, les dieux s'en servaient comme de monture ordinaire ou l'attelaient à leurs chars. La Bible, dans Esther, raconte « que l'on envoya des lettres par des courriers à cheval sur des coursiers rapides, sur des dromadaires issus de juments ».

Le cheval semble avoir toujours été l'auxiliaire de l'homme. Chez tous les peuples, on le rencontre à l'état domestique. Dans le nord de l'Afrique, on trouve le cheval arabe, le kochlané ou pur sang, le type de la race, ou le kadisché provenant de croisements inconnus, tous deux remarquables par l'élégance de leurs formes et la rapidité de leur course. Dans la Barbarie, on emploie des chevaux pour le manége; en Espagne, des chevaux pour le manége ou la cavalerie; en Angleterre, des chevaux de course, et dans les différentes régions de la France, des chevaux pour tous les usages. En Normandie, ce sont des chevaux de trait et de manége; dans le Limousin, des chevaux de selle; dans la Franche-Comté, des chevaux de trait; en Auvergne, on élève le bidet et dans le Poitou le mulet.

Le cheval se plie à tous les travaux qu'on lui impose, prend le pas, le trot, l'amble ou le galop, selon le bon plaisir de celui qui le dirige. C'est avec la même allure résignée qu'il suit le sillon de la charrue, l'ornière du chemin, la piste du champ de courses ou du manége. Il ira en ligne droite le long d'une voie ferrée, tournera en cercle pour élever l'eau du maraîcher, ou marchera sur lui-même sans avancer, comme l'écureuil dans sa cage, ou comme le chien du cloutier. C'est enfin le premier instrument de l'agriculture et de l'industrie.

Sans vitesse, il peut produire un effort de 360 kilogrammes; à la vitesse moyenne de 1 mètre par seconde, cet effort n'est plus que de 80 à 90 kilogrammes; encore faut-il que le travail ne soit pas trop prolongé. Aussi ne compte-t-on d'ordinaire que sur 70 kilogrammes seulement.

Des expériences très-nettes ont permis de comparer le travail de l'homme et celui du cheval : tandis que l'homme, qui roule un fardeau sur une voiture à deux roues et revient au point de départ chercher un nouveau chargement, peut travailler durant dix heures, avec une vitesse de 50 centimètres par seconde et exercer un effort moyen de 100 *kilogrammes*, le cheval peut, travaillant le même temps, mais avec une vitesse de 60 centimètres par seconde, exercer un effort moyen de 700 *kilogrammes*. La quantité de travail journalière est représentée, pour . l'homme, par 1 800 000 *kilogrammètres*[1], et pour le cheval, par 15 120 000 *kilogrammètres*. — Tandis que le portefaix peut exercer, durant une journée de 7 *heures*, et à une vitesse de 75 *centimètres par seconde*, un effort moyen de 40 *kilogrammes*, le cheval chargé sur le dos, peut, durant 10 *heures* de travail et en marchant avec une vitesse de 1ᵐ,10 *par seconde*, développer un effort moyen de 120 *kilogrammes*.

Ces chiffres représentent, bien entendu, des résultats moyens; car le poids que l'homme peut porter s'élève jusqu'à 150 kilogrammes. Il a même atteint le chiffre de 450 kilogrammes. Les portefaix de Rive-de-Gier, qui chargent les bateaux, portent un hectolitre de houille de 85 kilogrammes à 36 mètres, et font de 290 à 300 voyages par jour.

Il est assez intéressant de comparer aussi les vitesses que peuvent prendre l'homme et le cheval à la course.

La vitesse du coureur peut être de 13 mètres par

---

[1] Le kilogrammètre, ou unité de travail, est le travail dû au poids de 1 kilogramme élevé à 1 mètre de hauteur.

seconde pendant quelques instants; la vitesse ordinaire est de 7 mètres. (Le marcheur ne s'avance qu'avec une vitesse de 2 mètres, et le voyageur ne parcourt que 1^m,60 par seconde.)

La plus grande vitesse que puisse prendre un cheval dans une course d'un quart d'heure, ne dépasse pas 14 à 15 mètres. La vitesse au galop est de 10 mètres, au trot de 3^m,50 à 4 mètres, au grand pas de 2 mètres et au petit pas de 1 mètre.

Il y a quelques années, le service des postes employait un grand nombre de chevaux de choix, que les chemins de fer ont presque complétement dispersés. Les chevaux des malles-postes traînaient 500 kilogrammes à la vitesse de 4^m,44, et parcouraient 20 kilomètres par jour; ceux des diligences allant moins vite (3^m,33 par seconde), traînaient 800 kilogrammes et parcouraient 24 kilomètres par jour. Enfin, les chevaux des chasse-marée, qui parcourent 32 kilomètres par jour, avec une vitesse de 2^m,20 par seconde, ne traînent que 560 kilogrammes.

> Moins vif, moins valeureux, moins beau que le cheval,
> L'âne est son suppléant et non pas son rival.

Il n'en est pas moins vrai que le coursier de Silène, qui l'emporte sur son maitre par sa sobriété, rend, comme porteur, de précieux services à l'agriculture.

Les petites exploitations l'utilisent avec avantage pour les transports à faible distance, et les gens pauvres le préfèrent à raison de la facilité qu'ils ont à le

nourrir et à le loger. C'est le souffre-douleur de la
famille domestique, c'est pour lui que sont tous les
coups. Qui n'a pris en pitié le sort de ces pauvres
bêtes, en Espagne et en Afrique, où on leur voit suivre
par troupes nombreuses des chemins à peine tracés,

Fig. 5. — Éléphant portant un a'méry.

pliant sous la charge de lourds sacs de blé ou sous le
faix de longs Arabes, aux jambes traînantes?

Le mulet est le cheval du montagnard. A lui les
chemins étroits dans les rochers, et le transport du
bois réduit en charbon. Bon pied, bon œil, tête sûre,

à l'abri du vertige et défiant les précipices ; mais allure lente, justifiée par l'ampleur de sa taille.

Plus vite que les meilleurs chevaux arabes court l'hémione, et nous nous demandons pourquoi le

Fig. 6. — Éléphant portant un haudah.

Dziggetai, très-répandu dans le pays des Katch, au nord de Guzzerat, dans l'Inde, et dont on se sert à Bombay comme cheval de selle et de trait, n'a pas encore été acclimaté.

Puisque nous sommes dans l'Inde, nous parlerons

de l'éléphant, le géant des bêtes de transport, sinon la plus utile, et dont on se sert dans diverses contrées de l'Asie. L'éléphant peut parcourir 80 kilomètres par jour, en portant un poids de 1000 kilogrammes. D'après le chev. P. Armandi, auteur d'un ouvrage fort intéressant sur l'histoire militaire des éléphants,

Fig. 7. — Petits éléphants du Jardin d'acclimatation.

ces animaux ne pouvaient faire, avec une semblable charge, que 12 à 15 lieues par jour (48 à 60 kilomètres). « La marche ordinaire de l'éléphant, dit cet écrivain, n'est guère plus rapide que celle du cheval; mais, quand on le pousse, il prend une sorte de pas d'amble, qui, pour la vitesse, équivaut au galop. Il a le pied très-sûr, il marche avec circonspection et il

Fig. 8. — Chameau du Nord de la Chine.

lui arrive rarement de broncher. Malgré cela, c'est toujours une monture incommode, à cause de son balancement continuel et de son allure saccadée. »

L'éléphant était autrefois employé dans les combats et portait sur son dos une tour abritant cinq ou six soldats au plus, armés de piques ou de traits. Plus tard, le sénat romain attela deux éléphants aux chars des empereurs revenant vainqueurs de l'Orient. Aujourd'hui, l'éléphant sert aux voyages dans l'Inde. On lui met sur le dos soit une galerie découverte, de construction légère, simplement garnie de coussins, appelée *howdah* ou *haudah*, et qui peut contenir deux ou trois voyageurs, ou bien, pour les dames ou les grands personnages, une galerie couverte de rideaux de soie, ornée de banderoles et connue sous le nom d'*a'mery*.

Mais l'éléphant ne se reproduit pas dans la vie domestique; il lui faut la profondeur et le silence des forêts; aussi n'y a-t-il guère à espérer qu'il se répande jamais en Europe.

Le chameau, de taille plus modeste, l'emporte sur l'éléphant par les services qu'il rend aux populations africaines. C'est le *navire du désert*, a-t-on dit avec beaucoup de vérité. Et, en effet, les sables sahariens ne forment-ils pas une vaste mer mouvante qui a ses tempêtes, quand souffle le *Simoun* (les poisons), ou comme les Arabes le nomment : le *Kamsin*, « qui sèche l'eau des puits ». « Dans le désert, l'homme redevient promptement un animal féroce; le soin de son propre salut le préoccupe à ce point qu'il ne se retournerait seulement pas pour secourir son semblable en danger[1]. » Si l'Arabe n'avait le chameau, quel autre animal pourrait lui faire parcourir le désert? Admirable prévoyance de Dieu qui, à côté de la vaste plaine brûlante, a mis la monture propre à en faciliter l'accès !

Tout le monde connaît la sobriété du chameau. Il peut marcher pendant des semaines entières, à raison de 16 à 18 heures par jour, avec un fardeau de 400 kilogrammes en moyenne, sans demander autre chose qu'un litre d'eau chaque jour, et une livre d'une nourriture quelconque : paille, orge, chardons, herbes ou noyaux de dattes. Pour une traversée de 40 à 50 heures, comme celle du Caire à Suez, il peut se passer de toute boisson et de toute nourriture.

La soumission du chameau, sa patience, sont égales à celles du bœuf; mais tandis que l'un rentre dans la catégorie des bêtes de somme, l'autre appartient plus spécialement à celle des bêtes de trait. De même que le cheval, le bœuf se trouve dans tous les pays et partage avec lui les rudes travaux de l'agriculture. C'est dans les régions montagneuses et dans les pays chauds que l'usage du bœuf est le plus répandu. Là, il tire la charrue et fait tous les transports qui ne réclament pas de vitesse. Attelé au manège d'une noria, il peut développer un effort moyen de 60 kilogrammes, tandis que le cheval n'est capable de produire qu'un effort de 45 kilogrammes; sa vitesse, il est vrai, n'est, dans ce cas, que de $0^m,60$ par seconde,

---

[1] M. du Camp, *Orient et Italie.*

Fig. 9. — Caravane dans le désert.

tandis que celle du cheval est de moitié plus grande, ou de $0^m,90$ dans le même temps.

A côté du bœuf viennent se ranger les membres de la même famille : le yack, des montagnes du Thibet, qui se monte, et dont l'agilité est supérieure à celle du bœuf; le bison, qui abonde dans l'Amérique septentrionale, et que M. Lamare-Picquot a proposé d'acclimater en 1849, comme bête de trait et de boucherie.

Les usages que l'on tire du bœuf, lorsque l'âge ne lui permet plus de fournir un service actif, sont plus nombreux encore que ceux que l'on obtient des différentes parties du corps du chameau. Sa chair, sa peau, sa graisse, son poil, ses cornes, ses os, ses nerfs, ses intestins, son sang, ses issus même, sont utilisés. Aussi, en pensant au culte public que les Égyptiens rendaient au bœuf Apis, est-on surpris qu'il n'ait produit de nos jours que l'insignifiante et ridicule mascarade du bœuf gras, où les grands prêtres sont remplacés par des garçons bouchers, travestis en hercules assommeurs.

L'homme n'a pas d'autres auxiliaires dans les pays chauds et dans les pays tempérés que les animaux dont nous venons de parler.

Dans les contrées septentrionales, en Russie, en Norwége, le renne remplace avantageusement le cheval. Il sert à la fois de bête de trait et de somme et peut faire jusqu'à 120 kilomètres par jour, se contentant seulement de quelques bourgeons, d'écorces ou de lichen qu'il déterre sous la neige.

Comme le renne, le chien se met au traîneau et rend au voyageur qui se lance sur les glaces des mers polaires de précieux services. Le docteur J.-J. Hayes, chirurgien de la marine des États-Unis, raconte ainsi la dernière partie de son voyage à la mer libre du pôle arctique : « Notre traversée n'a pas eu sa pareille dans les aventures arctiques.... Les soixante-quinze derniers kilomètres, où nous n'avions plus que nos chiens, nous ont pris quatorze journées ; et l'on comprendra mieux combien la tâche était rude, si l'on se rappelle qu'une semblable étape peut être parcourue en cinq heures par un attelage de force moyenne sur de la glace ordinaire, et ne le fatiguerait pas moitié autant qu'une seule heure de tirage au milieu de ces hummocks qui semblaient se multiplier sous nos pas. — Le chien de cette race court plus volontiers sur la glace unie avec un fardeau de cent livres qu'il n'en traîne vingt-cinq sur une route qui le force à marcher à pas lents. »

Nous avons parlé de la plupart des quadrupèdes que l'homme emploie à le porter ou à le traîner. Mais il est un bipède que certains peuples de l'Afrique emploient aussi comme coursier : l'autruche. Sa force ne le cède en rien à la rapidité de sa course. Il semble voler ; et l'on se fera une idée de sa vitesse quand on saura que le chasseur qui la poursuit est souvent forcé de courir huit à dix heures avant de l'atteindre.

Ainsi qu'on le voit, dans quelque pays, sous quelque latitude que l'homme se place, il trouve à ses côtés l'animal capable de suppléer à sa faiblesse et de

Fig. 10. — Traîneau tiré par des chiens.

prolonger sa course aussi loin qu'il le désire : mers
de glaces ou de sables brûlants, il peut tout aborder.
Est-il seul à voyager? il enfourche une monture? a-t-il
lourd à porter? il attelle la bête à un véhicule. Le
repos du corps laisse entière l'activité de l'esprit.

CHAPITRE III

LES VÉHICULES DANS L'ANTIQUITÉ

BIGA, CARPENTUM, CISIUM, PILENTUM, BENNA, CHARS D'HÉLIOGABALE,
CHAR FUNÈBRE D'ALEXANDRE, LITIÈRES ET BASTERNES.

Les véhicules le plus en usage dans les temps anciens, ceux dont les bas-reliefs de la Grèce ou de Rome nous ont conservé l'image, et dont les historiens nous font le récit, sont les chars à deux roues qui servaient dans les combats, dans les courses du cirque, dans les fêtes triomphales ou dans les cérémonies religieuses.

La *biga* était une sorte de caisse montée sur deux roues, ouverte à l'arrière et sans aucun siège. Elle était tirée par deux chevaux attelés de front de chaque côté d'une flèche unique ou timon. Cette caisse était tantôt en bois, tantôt en métal et plus ou moins ornée suivant les circonstances. Dans les jeux du cirque, le lutteur conduisait lui-même l'attelage ; à la guerre, un conducteur spécial dirigeait

Fig. 11. — Chariot primitif (cultivateur en Chine).

les chevaux pour laisser au combattant le libre usage
de ses armes.

Nous ne voyons plus ces chars qu'aux courses de
l'Hippodrome, à Paris. Tous les ans aussi, Florence a
ses courses de chars. Des *cocchi*, vêtus à la romaine,
montés sur leur *theda,* soulèvent des nuages de poussière dans des courses de vitesse aux applaudisse-
ments de la foule qui entoure la place Sainte-Marie-
Nouvelle.

Ces chars s'appelaient autrefois *bigæ, trigæ, qua-
drigæ*, suivant qu'ils étaient traînés par deux, trois
ou quatre chevaux de front. Il y avait aussi des *sejugæ*,
ou chars à six chevaux, et des *septijugæ* ou chars à
sept chevaux.

On attribue l'invention des chars à Erichthonius,
roi d'Athènes, qui institua les fêtes des Panathénées,
si célèbres dans toute la Grèce. D'autres historiens
croient pouvoir en faire remonter la découverte jusqu'à Triptolème, ou même jusqu'à Pallas ou à Neptune. Nous ne chercherons pas à vider le différend
qui les divise à ce sujet. L'invention des chars date
de la plus haute antiquité, c'est incontestable ; mais
nous doutons fort que les dieux de la Fable aient fait,
de leurs mains, les chars sur lesquels on les représente si souvent montés et à l'aide desquels ils voya-
gent au milieu de l'éther ou sur les vagues de l'Océan,
tirés par des coursiers ardents, des dauphins moitié
chevaux, moitié poissons, ou même de simples
papillons.

Le *carpentum* était la riche voiture à deux ou à

quatre roues et à deux ou à quatre chevaux, attelés de front, la voiture de cérémonie. Le carpentum était d'ordinaire couvert et servait aux prêtres et aux dames romaines. C'était la voiture de la mariée, celle qu'en Grèce on appelait *apène*.

Notre cabriolet moderne portait autrefois le nom de *cisium*, mais il différait notablement de celui que nous connaissons. Il s'ouvrait par devant et avait un siège ; la caisse n'était pas suspendue, le siège seul était porté par des courroies destinées à adoucir les chocs des chemins, à cette époque très imparfaits. On sait, en effet, qu'à part les quelques voies stratégiques qui furent faites de bonne heure en Italie, et qui réunissaient Rome aux principales villes de la péninsule, les voies de communication manquaient presque complétement. Le cisium, n'ayant que deux roues, pouvait, plus facilement que le carpentum, passer dans tous les chemins : aussi l'employait-on comme voiture de voyage.

La voiture de ville des matrones romaines, celle des vestales, dont la loi interdisait l'usage aux courtisanes, s'appelait *pilentum*. Elle était découverte, à deux places, à deux ou à quatre roues. Des colonnettes en bois, en cuivre, ou même en argent ou en ivoire, richement sculptées, soutenaient la toiture de la voiture. Les *arabas* des dames du sérail et des patriciennes musulmanes d'aujourd'hui ont quelque ressemblance avec le pilentum. Les arabas sont les voitures dans lesquelles l'aristocratie féminine musulmane va se promener, à certains jours de liesse, aux

Eaux douces d'Europe ou d'Asie, sur la rive orientale
du Bosphore de Thrace : lourds carrosses, tirés par des
bœufs à la lente allure, et conduits par des eunuques[1].
Un diminutif de ces voitures, destiné à être traîné

Fig. 12. — L'Araba.

par des chèvres, est au musée de Trianon à Versailles.
Il a été donné par le sultan au prince impérial.

Une voiture très à la mode depuis quelques années,
le *panier*, la voiture de campagne, était aussi très en
vogue autrefois. On la trouve chez les Romains où
elle s'appelle *sirpea*, chez les Spartiates où elle se
nomme *canathra*, chez les Grecs où elle porte le nom

[1] *Voyage illustré des Deux Mondes*, Mornand et Vilbort.

de *plecta*, et enfin chez les Gaulois qui l'appellent *benna*. La benna servait à la guerre au transport des personnes et, durant la paix, au transport des personnes et des choses.

Telles étaient les principales voitures en usage dans l'antiquité ; mais, à côté de ces voitures dont chacun se servait suivant ses fonctions ou dans telle ou telle circonstance, il s'en est trouvé de particulièrement remarquables par le luxe de leur construction.

« Héliogabale, le Sardanapale de Rome, nous dit M. Ramée, dans son histoire des chars, carrosses, etc., d'après l'historien Lampride, avait des voitures couvertes de pierres précieuses et d'or, ne faisant aucun cas de celles qui étaient garnies d'argent, d'ivoire ou d'airain. Il attelait parfois à un char deux, trois et quatre femmes des plus belles, ayant le sein découvert, et par lesquelles il se faisait traîner. Cet empereur, n'étant encore que particulier, ne se mettait jamais en route avec moins de soixante chariots. Empereur, il se faisait suivre de six cents voitures, alléguant que le roi des Perses voyageait avec dix mille chameaux et Néron avec cinq cents carrosses. »

Le même Héliogabale avait pour son dieu Elégabale un char orné d'or et de pierres précieuses, traîné par six chevaux blancs richement caparaçonnés. Le dieu conduisait ou mieux semblait conduire. Héliogabale allait en avant du char à reculons. Le chemin à parcourir était couvert de poudre d'or pour prévenir ses faux pas et l'empêcher de glisser sous les pieds des chevaux dont il réglait l'allure.

L'un des chars les plus remarquables est celui dont Diodore de Sicile donne la description, et qui transporta le corps d'Alexandre de Babylone en Égypte. La voûte était d'or, recouverte d'écailles en pierres précieuses au sommet. Le trône et les ornements placés sur ce char étaient en or ; les raies et les moyeux des roues étaient dorés. Soixante-quatre mules, par seize de front,

Fig. 13. — Litière à deux porteurs.

portant des couronnes d'or et des colliers de pierres précieuses, traînaient ce char, dont la construction avait exigé deux années de travail.

Indépendamment des chars de différents genres qui sont venus jusqu'à nous plus ou moins transformés, les anciens avaient encore les *litières* et les *basternes*, qui ont donné naissance aux *palanquins* et aux *chaises à porteurs*.

La litière était le plus souvent portée par des hommes, mais quelquefois on la plaçait sur un chameau
ou sur un éléphant. Elle subit, avec le luxe croissant,
les modifications des autres moyens de transport. Elle

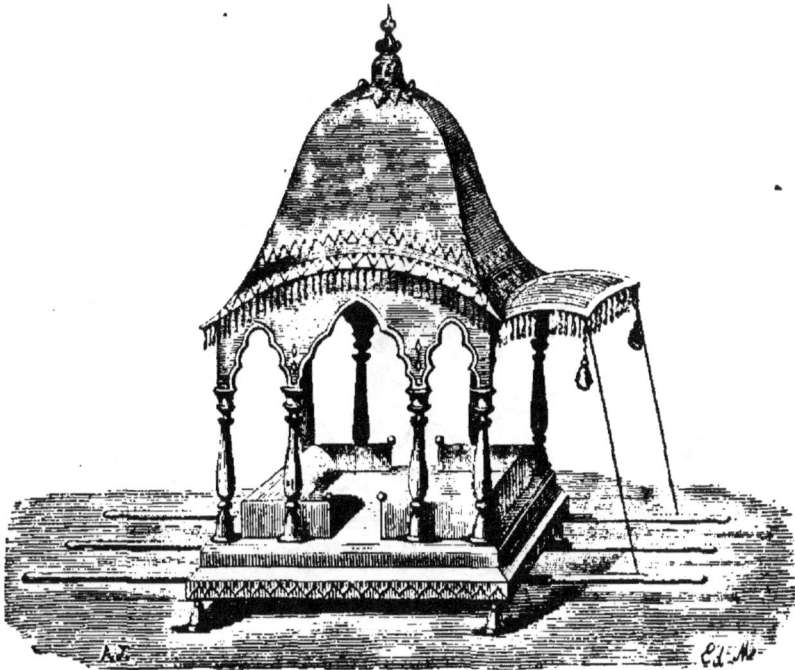

Fig. 14. — Litière à quatre porteurs.

fut d'abord découverte et très-simple. On la couvrit
plus tard, et on l'orna.

La basterne n'était autre chose qu'une grande chaise
à porteurs à deux places portée par deux chevaux,
deux mules ou deux bœufs.

La litière employée aujourd'hui dans le Dahomey
n'est pas plus primitive que la litière des anciens. Aux
extrémités d'une longue perche sont fixées les attaches
d'un hamac dans lequel le promeneur est étendu. Une

draperie tendue sur un cadre, relié lui-même à cette perche, fait tente au-dessus de la litière et garantit des ardeurs du soleil. Deux nègres vigoureux la portent en courant. De temps en temps, deux hommes se détachent de la petite troupe d'esclaves qui sert d'escorte

Fig. 15. — Litière au Dahomey.

et viennent les remplacer, de manière que l'allure ne soit jamais ralentie.

Ce moyen de transport primitif, où l'homme remplace la bête et porte l'homme, rappelle ce qui se passait au temps de la domination romaine où les esclaves étaient forcés de se plier honteusement aux volontés et aux caprices de leurs maîtres.

CHAPITRE IV

Les moyens de transport se perfectionnent avec une lenteur extrême. Le cheval est celui qu'on emploie de préférence.

Fig. 16. — Un abbé en voyage.

Éginhard, le premier de nos historiens, nous raconte comment les princes de la famille des Mérovingiens s'en allaient en voyage. « S'il était nécessaire que l'un d'eux allât quelque part, dit-il, il voyageait monté sur un chariot traîné par des bœufs qu'un bouvier conduisait à la manière des paysans. C'est ainsi qu'il se rendait à l'Assemblée générale de la nation, qui se réunissait une fois chaque

année pour les affaires du royaume. » Il nous faut aller
aujourd'hui en Turquie et dans l'Inde pour trouver des
attelages du même genre.

On peut juger de la manière dont voyageaient les
simples citoyens par la manière dont voyageaient les
rois. Les routes étaient rares, et celles qui existaient

Fig. 17. — Voiture de promenade dans l'Inde.

étaient en très mauvais état. Les seigneurs féodaux, qui
auraient dû les faire entretenir par leurs vassaux, ne
s'en occupaient nullement. Ils concédaient le droit de
conduite sur les routes pour escorter les marchands,
«mais on n'entendait parler que de brigandages sur les
voies publiques ». « Des brigands, ceints du glaive, raconte Guillaume, archevêque de Tyr, assiégeaient les

routes, dressaient des embûches et n'épargnaient ni les étrangers ni les hommes consacrés à Dieu. Les villes et les places fortes n'étaient pas même à l'abri de ces calamités ; des sicaires en rendaient les rues et les places dangereuses pour les gens de bien. » Cet état de choses dura plusieurs siècles, pendant lesquels la sécurité ne régna nulle part. Au douzième siècle, ce sont les Routiers, Brabançons et Cottereaux ; au quatorzième, les Malandrins et les Écorcheurs, qui pillent et dévalisent. « Tout le pays en était rempli, et personne n'osait sortir des villes et châteaux, par crainte de ces mécréants qui n'avaient nul souci de Dieu. » On pouvait être tranquille à l'intérieur des villes ou dans leur voisinage, mais les paysans n'osaient se risquer dans la campagne, loin des châteaux forts et des monastères. Durant la belle saison, ils restaient aux champs ; mais, à l'approche de l'hiver, ils rentraient avec le bétail dans les faubourgs. Le marchand, le commis voyageur d'autrefois devaient payer un droit d'escorte à chaque seigneur dont il traversait les terres pour être garantis de toute rapine.

Les seigneurs ne dédaignaient pas de s'associer parfois à ces détrousseurs de grands chemins. C'est ainsi que Richard Cœur-de-Lion, n'étant encore que duc d'Aquitaine, se fit le compagnon de Mercadier, chef de routiers célèbre, et lui donna plus tard les biens d'un seigneur du Périgord. L'archevêque de Bordeaux lui même fit ravager sa province par le même Mercadier, à ce que rapporte le pape Innocent III

Les rois de France, à différentes époques, s'efforcèrent de porter remède à cette déplorable situation. Louis VI était toujours à cheval et la lance au poing pour châtier les nobles qui pillaient les voyageurs. Philippe Auguste, jaloux de relever la France au point où Charlemagne l'avait placée, continua la lutte. Il réprima les brigandages des grands seigneurs, fit paver les rues et les places de Paris, qui étaient en tel état que les chevaux et les voitures, remuant la boue, en faisaient sortir des odeurs insupportables. On se fait une idée de ce que pouvaient être les routes de la France, à cette époque, par ce qu'étaient les rues de sa capitale.

Saint Louis remit en vigueur un capitulaire de Charlemagne qui forçait les seigneurs prenant péage à en tretenir les routes et à garantir la sûreté des voyageurs.

Qui donc aurait osé entreprendre de longs voyages en ces temps de troubles et de force brutale ? Les seigneurs seuls pouvaient courir ces aventures, et encore ne sortaient-ils guère de leurs domaines ou de ceux de leurs voisins amis. Allaient-ils à quelque fête, c'était sur des palefrois, richement caparaçonnés. Leurs dames les accompagnaient, chevauchant à leurs côtés sur des haquenées ou des mules encore plus brillamment ornées.

Certaines de ces montures sont restées célèbres dans les annales de la chevalerie. Les quatre fils Aymon, Renaud, Guichard, Alard et Richardet, combattaient sur un seul cheval qui s'appelait Bayard.

Le légendaire paladin Roland, avec sa Durandal qui

fendait roc et granit, son olifant (cor enchanté), dont

> Bruient li mont et li vauls resona;
> Bien quinze lieues li oïes en ala.

montait Bride d'or.

Oger le Danois, immortalisé par nos jeux de cartes sous le nom d'Hogier, avait Beiffror et Flori.

Charlemagne avait deux palefrois : Blanchard et Entencendur. Enfin le Cid avait sa Babieça, et, plus tard, don Quichotte a eu Rossinante.

Les chariots ne servaient, au moyen âge, que pour le transport des choses et peu pour celui des gens.

Lorsque Thomas Becket, plus tard archevêque de Cantorbéry, vint en France demander la main de Marguerite, fille de Louis VII, pour le fils aîné de Henri II, roi d'Angleterre, il se fit suivre de deux cents cavaliers, tant soldats que serviteurs, tous habillés à ses couleurs et richement vêtus. Quand il entrait dans les villes et les villages, tout le monde se pressait pour voir défiler le long cortège du chancelier, son armée de serviteurs, ses chariots *qui faisaient retentir les pierres*, ses écuyers, ses chiens, ses oiseaux, ses singes. Il avait *douze* chariots pour les présents destinés au roi, *un* pour ses tapis, *un* pour sa vaisselle, *un* pour sa cuisine, *un* pour sa chapelle et ses livres, et *je ne sais combien* pour ses bagages et ceux de ses gens.

Les litières n'étaient employées que pour les personnes malades et pour les dames à certaines cérémonies d'apparat. C'est ainsi que le comte de Toulouse

Raymond VI, étant malade en Aragon, se fit construire une litière pour aller à Toulouse.

Isabelle de Bavière fit son entrée à Paris le 20 août 1389. La cérémonie surpassa en magnificence tout ce qu'on avait vu jusqu'alors. Le cortège se forma à Saint-Denis. Les seigneurs et les dames s'étaient portés dans cette ville à la rencontre de la princesse : les plus hauts barons rivalisaient de luxe et tenaient à honneur d'escorter les *litières* des duchesses de Berry, de Bourgogne, d'Orléans et de la reine Isabelle.... La suite de la fête fut un vrai triomphe. Les litières dont il est question dans ce récit étaient-elles portées par des hommes ou par des bêtes de somme, mules ou chevaux? C'est ce que l'histoire ne nous dit pas.

Les Houspilleurs, les Écorcheurs et les Retondeurs, qui avaient continué l'œuvre de déprédation des Routiers, furent poursuivis par Charles VII, qui réorganisa l'armée et protégea enfin les bourgeois et les paysans.

Louis XI rendit les routes plus sûres que n'étaient les environs de son redoutable château de Plessis-les-Tours. Le service des postes fut organisé par lui, le 19 juin 1464. Un grand maître était nommé par le roi, avec des maîtres-coureurs royaux sous ses ordres, et deux cent trente courriers pour agents. La circulation devenait donc plus facile. Des *nuntii volantes*, qui se chargeaient du transport des lettres, des paquets et des personnes, avaient bien été établis précédemment par l'Université pour les relations des écoliers avec leurs familles; mais aucun service d'ensemble n'avait été organisé.

Sous le règne de Louis XII, « les poules couraient aux champs hardiment et sans risques », car les pillards étaient exécutés; mais sous François Ier, le pillage recommença dans les campagnes, et les Mauvais Garçons et les Bandouliers continuèrent les exploits des Routiers et autres Malandrins des siècles précédents. Le fils du roi, lui-même, le duc d'Orléans, s'en allait, par partie de plaisir, ferrailler contre les laquais sur les ponts de Paris. Les bons chemins et les voitures étaient rares. Charles-Quint, le 10 mai 1552, malade de la goutte et poursuivi par Maurice de Saxe, fut forcé de fuir dans une *litière* au milieu d'un affreux orage, par des *sentiers impraticables*, à la lueur des torches.

Les moyens de transport les plus vulgaires étaient alors employés par les gens riches.

On rapporte que Gilles le Maître, premier président du Parlement sous Henri II, stipula, dans un bail avec un de ses fermiers, qu'aux « quatre bonnes fêtes de l'année et aux vendanges, on lui amènerait une charrette couverte et de la paille fraîche dedans, pour y asseoir sa femme et sa fille, et, de plus, un ânon ou une ânesse pour sa chambrière, lui se contentant d'aller devant, sur sa mule, accompagné de son clerc à pied. »

Cependant la France s'unifiait; les gens d'armes, de création récente, faisaient la guerre aux pillards; la Renaissance s'ouvrait comme une ère d'apaisement favorable à la fois au commerce, à l'industrie, au

développement des voies de communication, leurs
auxiliaires naturels, des moyens de transport, enfin,
leurs instruments indispensables.

C'est sous le règne de François Ier que l'on voit apparaître les premiers carrosses. Isabelle, la détestable
femme de Charles VI, s'était bien montrée, en 1405,
dans un chariot *branlant*, la première, ou du moins
l'une des premières voitures suspendues. Mais ce n'est
qu'un fait isolé et sans portée.

Les chroniqueurs font surtout mention des carrosses qui ont appartenu à Diane, fille naturelle
de Henri II, et à Jean de Laval Bois-Dauphin, homme
obèse et qui ne pouvait monter à cheval. Les uns prétendent que les voitures restèrent en petit nombre;
d'autres, au contraire, « que les dames les plus qua-
lifiées ne tardèrent pas à s'en procurer. Le faste, ajou-
tent-ils, fut porté si loin qu'en 1563, lors de l'enre-
gistrement des lettres patentes de Charles IX pour la
réformation du luxe, le Parlement arrêta que le roi
serait supplié de défendre les coches par la ville. Les
conseillers et présidents continuèrent d'aller au Palais
sur des mules jusqu'au commencement du dix-septième siècle. »

Les voitures n'étaient certainement pas encore en
grand nombre à cette époque.

Le passage suivant, extrait de Brantôme, le montre
d'ailleurs bien nettement. Il nous fait connaître ce
qu'était un maître général des postes sous Henri III.

Brusquet avait une centaine de chevaux dans ses
écuries, et « je vous laisse à penser le gain qu'il pou-

voit faire de sa poste, n'y ayant point alors de coches, de chevaux de relays, ny de louage que peu, comme j'ay dict, pour lors dans Paris, et prenant pour chasque cheval vingt solz, s'il estoit françois, et vingt-cinq s'il estoit espagnol, ou autre étranger ».

Les voitures étaient encore peu nombreuses sous le règne de Henri IV; on peut en juger par ce qu'en avait le bon roi : « Je ne sçaurois vous aller voir aujourd'hui, parce que ma femme se sert de ma coche. » Il n'eut donc, à une certaine époque, qu'une voiture pour lui et la reine. Le nombre de ses équipages augmenta sans doute par la suite, car on trouve dans les Estampes de la Bibliothèque les dessins de plusieurs carrosses armoriés aux initiales royales et qui ont dû appartenir à la cour.

Ces voitures diffèrent notablement de celles que nous voyons aujourd'hui. Elles se composent d'une caisse rectangulaire non suspendue, pouvant recevoir quatre personnes sous une toiture ou impériale que supportent des colonnettes en *quenouilles* sculptées. De simples rideaux, ordinairement relevés sous la toiture ou contre les colonnes, servent à garantir des injures du temps ou de l'ardeur du soleil. — Cette voiture primitive ne peut mieux se comparer qu'à nos *tapissières* modernes, enrichies, mais moins légères.

Sully, qui réunissait dans ses mains les charges les plus importantes du royaume, qui était à la fois « superintendant des fortifications, bâtiments, ouvrages publics, ports, havres, canaux et navigations des rivières, grand maître de l'artillerie et grand voyer de

France, etc. », prenant en aussi grand souci les intérêts de l'agriculture que ceux du commerce et de l'industrie, améliora les moyens de communication, fit
planter, le long des routes, ces ormes qui, suivant
les uns, devaient servir à réparer les affûts brisés des
canons, mais, suivant d'autres, à abriter les voyageurs. Il se connaissait en chevaux et ne dédaignait
pas d'en faire commerce, encourageant ainsi l'élève des
auxiliaires les plus indispensables de l'agriculture.
N'a-t-il pas dit « que le labourage et le pâturage
étaient les deux mamelles qui nourrissaient la France,
les vrais mines et trésors du Pérou ». A l'Assemblée
du commerce, qui fut réunie en 1604, le roi proposa
la fondation d'un haras, pour éviter l'achat des chevaux à l'étranger. Les postes, aussi bien que l'artillerie, devaient profiter de cette nouvelle création, car
ce service prenait une importance croissante. Les chevaux de poste faisaient partie du domaine royal et
étaient marqués de l'H fleurdelisée.

Le ministre de Henri IV, malgré son horreur pour
les superfluités et les excès en habits, pierreries et
festins, bâtiments et *carrosses*, ne laissait pas que
d'avoir de touchants regrets pour la cour du roi
Henri, lorsqu'il la quitta, après la mort de son maître. Nous ne pouvons résister au désir de rappeler
les jolis vers dans lesquels il peint son chagrin. Le
ministre se fait poète :

Adieu maison, chasteaux, armes, canons du roy;
Adieu conseils, trésors, déposez à ma foy;

Adieu munitions; adieu *grands équipages;*
Adieu tant de rachapts, adieu tant de mesnages;
Adieu . . . .

. . . .
Adieu soin de l'Estat, amour de ma patrie;
Laissez-moi en repos finir aux champs ma vie.
Sur tout adieu, mon maistre, ô mon cher maistre, adieu;

. . . .

· Nous arrivons au règne de Louis XIII et de Louis XIV,
de Richelieu et de Mazarin.

Les voitures se multiplient, aussi bien à Paris qu'en
province. Le maréchal de Bassompierre rapporte d'Italie, en 1599, le premier carrosse avec des glaces[1].
L'ancien *chariot branlant* d'Isabelle est devenu un
carrosse suspendu sur des soupentes, avec cocher au
devant et laquais par derrière. Les rues de Paris, celles
de plusieurs villes du royaume, sont pavées et bien
entretenues : la sécurité y règne durant le jour, et si,
la nuit, quelques-unes sont encore obscures, le guet
aide à les franchir. Les lanternes de la Reynie ont succédé aux flambeaux à chandelle de Laudati, aux fa-
lots alimentés de goudron ou de résine de Pierre des
Essarts, et Paris devient la grand'ville, la ville du
Roi-Soleil.

L'ancien coche, appelé *corbillard,* assez semblable
d'ailleurs aux voitures actuelles des pompes funèbres,
a fait place au carrosse. La forme est devenue plus

---

[1] Selon d'autres, cette importation serait postérieure et daterait de
1660 ; et le aurait été faite par le prince de Condé, au retour de son
exil à Bruxelles.

gracieuse. Les côtés de la voiture, le devant et le fond
ne sont plus fermés de leurs *mantelets* de cuir ou
d'étoffe, mais de parties pleines, ajourées par des
glaces. La saillie des portières n'existe plus. Celles-ci
ont toute la hauteur de la voiture et sont garnies de
glaces mobiles. Le carrosse a sept pieds de longueur
sur quatre pieds quatre pouces de largeur à la ceinture
et cinq pieds neuf pouces de hauteur à la portière. Sa
construction est solide, mais il est lourd et convient
mieux aux grands attelages de la cour qu'à ceux plus
modestes des petits seigneurs. Les uns ont quatre ou
six chevaux, les autres en ont huit.

Tels étaient les carrosses dans lesquels on allait se
promener au Cours-la-Reine, à l'extrémité des Tuile-
ries. On y faisait assaut de plumes, de rubans, de canons..., de toilettes, enfin, comme on fait aujourd'hui
aux Champs-Élysées ou au Bois. Ou bien, on allait à la
foire Saint-Germain, qui durait deux mois, à partir du
5 février. Dans les ruelles obscures de ce marché, où
l'on vendait toutes choses, comme dans celles de
l'hôtel Rambouillet, ou dans la maison du Baigneur,
les « raffinés » d'alors, devenus les « petits crevés »
ou les « gommeux » d'aujourd'hui, étalaient leurs
dentelles et leur esprit. On y causait, un masque au
visage, en jouant à la loterie, au profit des religieux
du couvent voisin.

Les riches n'étaient pas seuls à user de la faculté
d'aller en voiture. Nicolas Sauvage avait établi rue
Saint-Martin, à l'enseigne de Saint-Fiacre, des remises
de carrosses qu'il louait à l'heure ou à la journée.

L'enseigne donna son nom aux voitures. C'est ainsi que les *Meritoria vehicula* des Romains se sont appelés des *fiacres* sous la minorité de Louis XIV.

D'autres industriels suivirent l'exemple de Sauvage. Après Charles Villerme, M. de Givry, en mai 1657, puis les frères Francini, en septembre 1666, se firent entrepreneurs de voitures publiques.

M. de Givry avait obtenu « la faculté de faire établir dans les carrefours, lieux publics et commodes de la ville et faubourgs de Paris, tel nombre de carrosses, calèches et chariots attelés de deux chevaux chacun, qu'il jugerait à propos, pour y être exposés depuis les sept heures du matin jusqu'à sept heures du soir et être loués à ceux qui en auraient besoin, soit par heure, demi-heure, journée ou autrement, à la volonté de ceux qui voudraient s'en servir pour être menés d'un lieu à un autre où leurs affaires les appelleraient, tant dans la ville et faubourgs de Paris qu'à quatre et cinq lieues aux environs ; soit pour les promenades des particuliers, soit pour aller à leurs maisons de campagne. »

Un règlement de 1688 fixa l'emplacement des stations, et une ordonnance du 20 janvier 1696 le tarif des fiacres ; on payait 25 sous pour la première heure et 20 sous pour les suivantes.

Ce qui nous semble si naturel aujourd'hui était à cette époque l'objet d'un grand étonnement. « Ce fut en ce temps-là, dit Voltaire, qu'on inventa la *commodité magnifique* de ces carrosses, ornés de glaces et suspendus par des ressorts ; *de sorte qu'un citoyen de Paris se promenait dans cette grande ville avec plus de luxe que les citoyens romains n'allaient autrefois au Capitole. »*

Le Catéchisme des courtisans de la cour de Mazarin (1649) n'est pas moins expressif : « Qu'est-ce que Paris? — Le paradis des femmes, le purgatoire des hommes et l'enfer des chevaux ! »

A côté des fiacres, les *carrosses à cinq sols*, les omnibus circulent. Pascal en est l'inventeur. Ils furent inaugurés le 18 mars 1662, ainsi que le constate Jean Loret, poète normand, dans sa muse historique :

> L'établissement des carrosses,
> Tirez par des chevaux non rosses
> (Mais qui pourraient à l'avenir
> Par le travail le devenir).
> A commencé d'aujourd'hui même.
> Commodité sans doute extrême,
> Et que les bourgeois de Paris,
> Considérant le peu de prix
> Qu'on donne pour chaque voyage,
> Prétendent bien mettre en usage.
>
> . . . .
>
> Le dix-huit de mars, notre veine,
> D'écrire cecy prit la peine.

Mais ce ne fut pas l'auteur des *Provinciales* qui tira parti de sa découverte. Des lettres patentes de janvier 1662 confèrent au duc de Roanès et aux marquis de Sourches et de Crenan la faculté d'établir des carrosses, en tel nombre qu'ils jugeront à propos, aux lieux qu'ils trouveront le plus commodes, à des heures déterminées pour chaque *route*, chaque voyageur ne payant qu'un prix modique.

L'administration laissait plus de latitude, à cette époque, aux concessionnaires d'entreprises de ce genre qu'elle n'en donne aujourd'hui. Le prix des places fut fixé à cinq sols ; le nombre des voyageurs, qui n'était primitivement que de six, fut porté à huit. Ce n'était pas la grande voiture démocratique, égalitaire de nos jours, où, moyennant payement, quiconque peut prendre place. Il était interdit à tous soldats, pages, laquais et tous autres gens de livrée, manœuvres et gens de bras, d'y entrer, pour la plus grande commodité et liberté des bourgeois, lit-on sur un placard, — pour la plus grande commodité et liberté des gens de mérite, lit-on à côté.

Les voitures n'étaient autres que ces lourds carrosses que nous avons déjà décrits. Il y en avait sept par ligne ou par *route*, comme on les appelait alors, et cinq routes furent successivement créées du 18 mars au 5 juillet 1662. Les armes de la ville étaient peintes sur les voitures. Des fleurs de lis, en plus ou moins grand nombre, servaient à les distinguer. Les cochers étaient aussi vêtus aux couleurs de la ville, et galonnés de différentes nuances selon les routes qu'ils desservaient.

Les innovations de la capitale furent promptement connues en province. Le service des postes devenait plus parfait et s'étendait chaque jour. Le port d'une lettre de Paris à Lyon n'était que de deux sous (aujourd'hui quinze centimes). En 1653, la petite poste fut établie à Paris, pour l'intérieur de la ville. On se fait d'ailleurs une idée de l'importance croissante prise par les postes en rapprochant le prix des baux payés par les contrôleurs généraux à différentes époques. En 1602, la ferme des postes était de 97,800 livres; en 1700, elle s'élevait à 2,500,000 livres.

Louis XIV, en 1676, voulut réunir en une seule et même administration les divers services des coches, des carrosses, des messageries et des postes. Mais cette tentative de centralisation n'aboutit pas, et, au bout de quelques années, les services de voitures publiques furent donnés à bail, à prix débattu, à divers entrepreneurs.

Tandis qu'en 1517 il n'existait qu'un service public de carrosses de Paris à Orléans, les coches, en 1610, cent ans après environ, desservaient Orléans, Châlons, Vitry, Château-Thierry et quelques autres villes. Sous l'administration de Richelieu et de Mazarin, de nouveaux services étaient établis, et à la fin du dix-septième siècle les principales villes du royaume étaient en relation avec la capitale.

La France n'était pas seule à se servir de carrosses. En Allemagne, en Angleterre, en Espagne, en Italie, les voitures se répandaient.

Selon Anderson, les premières voitures auraient été importées d'Allemagne en Angleterre par Fitz Allan, comte d'Arundel. Certains commentateurs prétendent, au contraire, qu'un Hollandais, Guylliam Boonen, aurait introduit l'usage des voitures en Angleterre, vers 1564. D'autres enfin indiquent une date plus récente et rapportent que Walter Ripon fabriqua en 1555 un carrosse pour le comte de Rutland,

carrosse ayant un train de devant mobile et tournant.

Mais si la date de l'apparition du premier carrosse
est incertaine, il n'est, du moins, pas douteux que
l'usage des voitures se répandit promptement. L'Italie,
où la France alla chercher ces artistes de tous genres
qui firent briller la Renaissance d'un si vif éclat,
l'Italie était au premier rang par le luxe qu'elle dé-
ployait dans la construction de ses voitures.

Dans le récit de la solennité organisée à Rome, le
8 janvier 1687, en l'honneur du comte de Castelmaine,
ambassadeur extraordinaire de Jacques II, roi d'Angleterre, auprès du pape Innocent XI, se trouvent la
description et les dessins des voitures dans lesquelles
l'ambassadeur se rendit à l'audience du saint-père.

Nous traduisons cette description de l'italien de l'é-
poque, en l'abrégeant et en ne laissant qu'une partie
des nombreux superlatifs qui s'y trouvent. « La *machine* doit sa grandeur et sa merveilleuse majesté tant
aux étranges et très remarquables ciselures qui l'or-
nent et l'enrichissent qu'aux grandes proportions, au
goût, à la bonne direction qui ont été donnés à ce grand
ouvrage. Il n'y a, dans toute la voiture, aucune partie
qui ne soit majestueusement enrichie de figures d'un
dessin parfait, de grandeur naturelle, de feuillages riches et gracieux, de ferrements ciselés et contournés
en merveilleuses arabesques. Tout est recouvert d'or
et fait avec tant de richesses qu'il semble à l'œil que
la masse ait été coulée d'une seule pièce avec du
métal pur.

Fig. 18. — Voiture du comte de Castelmaine, ambassadeur extraordinaire de Jacques II.

« Le grand coffre et le plafond du carrosse sont doublés extérieurement du plus riche et du plus remarquable velours cramoisi qu'il soit possible de trouver. Sur cette doublure, qui sert de fond, ressortent de nombreuses et somptueuses arabesques de broderies d'or, entièrement en relief, fixées d'une manière nouvelle et splendide avec les clous les plus riches, sur les arêtes, les panneaux, les portières et les autres parties du carrosse. De grandes et magnifiques volutes naissent des replis d'une riche coquille placée au milieu de la bordure du haut et vont en grandissant vers les quatre coins, dans les proportions indiquées par le dessin. Elles se détachent de cette bordure et viennent former, avec un arrangement de feuillage des plus somptueux, de riches fleurons brodés d'or, se dressant en grandes gerbes à plusieurs palmes de hauteur et retombant sur le plafond du carrosse qu'elles recouvrent en grande partie, de façon à produire un bel et pompeux effet.

« La richesse de l'ornementation ne nuit pas, comme il arrive souvent, aux proportions du dessin et à la valeur de la matière, grâce aux petits espaces de couleur qui, de distance en distance, ont été laissés à découvert pour ne pas aveugler les regards par une trop grande vivacité.

« A l'intérieur, le plafond est caché, sur cinq palmes de longueur et quatre de largeur, par les armoiries de Son Excellence, brodées en relief en argent et en or et nuancées selon les règles de la science héraldique.

« Les arabesques des quatre coins se raccordent à

ces armoiries. En dedans comme en dehors, une grande frange d'argent et d'or garnit la bordure et se développe comme une dentelle en flocons et cascades, d'un éclat éblouissant. L'intérieur du coffre est doublé du plus riche brocart. Les rideaux sont faits d'une superbe bande semée de fleurs.

« La partie postérieure du carrosse est merveilleusement ornée de feuillages et de figures d'une composition et d'une exécution remarquables, exprimant la grandeur de la puissance de la Grande-Bretagne. La possession des vastes royaumes soumis à la couronne d'Angleterre est symbolisée par la déesse Cybèle et par Neptune, le souverain de la mer.

« Ces personnages, à l'attitude majestueuse, soutiennent chacun d'une main la couronne royale, s'appuyant de l'autre sur deux grands tritons, enlacés de gracieux feuillages. La licorne et le lion, soutien des armes d'Angleterre, paraissent entraîner toute la machine. Entre eux s'agitent deux gracieux enfants.

« Du côté du timon, éclate la richesse de ferrements refouillés de la manière la plus variée et la plus riche, recouverts d'or comme le reste. Au milieu, le siège soutenu par deux tritons. Deux dauphins supportent une coquille remarquablement grande, qui sert d'appuie-pieds pour le cocher, et en avant de laquelle un enfant semble indiquer la route.

« Tout, au dedans comme au dehors de la voiture, est si parfaitement et si complétement achevé qu'une simple description et un dessin peuvent difficilement le faire concevoir. Il faudrait voir de près. »

Ainsi qu'on le comprend par la profusion des épithètes qu'a employées Giovanni Michele, majordome du comte de Castelmaine, auteur de ce récit, ce carrosse devait être tout ce que l'art du temps pouvait produire de plus beau et de plus achevé. La richesse du texte et des gravures destinées à faire passer à la postérité le souvenir de si grandes merveilles montre que rien ne pouvait être trop beau pour une voiture si rare.

Nous le verrons bientôt : les plus riches carrosses de

Fig. 19. — Voiture d'apparat.

nos jours ne sont pas plus remarquables par leurs ornements que celui dont nous venons de rapporter la description, mais ils l'emportent tous sans exception sur celui-ci par la légèreté de leurs formes et la grâce de leurs contours. Le fer et l'acier prennent sous la main de nos ouvriers les formes les plus diverses et les plus contournées. Les bois les plus précieux se travaillent et se découpent comme de fines dentelles. Les étoffes enfin sont plus riches et plus remarquables qu'elles n'ont jamais été.

Les voitures ressemblent aux habitations. Les détails de leur construction exigent le concours d'artistes nombreux, qui poursuivent tous isolément ce même but, dont ils approchent de plus près chaque jour, sans jamais l'atteindre, la perfection.

CHAPITRE V

LES VÉHICULES AU DIX-HUITIÈME SIÈCLE ET LEURS PROGRÈS JUSQU'A NOS JOURS

Le faste du règne de Louis XIV, le luxe et les plaisirs du règne de Louis XV développent au dix-huitième siècle le *goût des carrosses* et déterminent leurs nombreuses variétés.

A côté des voitures de la cour qui se distinguent par la richesse de leur ornementation, l'ampleur de leurs formes, mais aussi par leur poids, circulent les *carrosses modernes*, les *berlines*, les *diligences*.

Les voitures qui donnent l'idée la plus exacte de ce qu'étaient les berlines d'autrefois sont nos fiacres actuels. Les berlines (on prétend qu'elles furent inventées à Berlin) étaient d'abord portées par des soupentes de cuir attachées aux deux extrémités du train ; ces soupentes ont été plus tard remplacées par des ressorts. Elles contenaient quatre personnes assises sur deux sièges. Au-dessous de la voiture était souvent un coffre appelé *cave,* où l'on plaçait les provisions de voyage.

La berline ne contenait parfois que deux places et prenait alors le nom de *vis-à-vis*.

Les *diligences, carrosses-coupés* ou *berlingots* ne

Fig. 20. — Coupé.

sont autres que des berlines rendues plus légères par la suppression de la partie située en avant de la por-

Fig. 21. — Berline.

tière. Ces voitures ne contiennent plus alors que deux personnes placées sur le siège de derrière, ou trois lorsqu'il existe un strapontin. La *désobligeante* n'est

autre que la diligence réduite de moitié dans le sens
de la largeur ou que le vis-à-vis coupé au milieu de
sa longueur. Il ne donne place qu'à une personne.

Telles sont les voitures de ville, qui ont donné naissance à nos élégantes voitures modernes : la *berline*,
le *coupé*, le *coupé trois-quarts* et leurs variétés. Les
longues soupentes et leurs moutons, les ressorts qui se
remontaient avec des crics, ont été remplacés par les

Fig. 22. — Landau.

ressorts en col de cygne et par les ressorts à pincettes.
La caisse est devenue plus légère ; les formes massives
commandées par le mauvais état des voies publiques
ont disparu ; les roues d'autrefois, dont nos paysans
voudraient à peine aujourd'hui pour leurs voitures de
foire, débarrassées d'un trop lourd fardeau, se font
remarquer maintenant par cette exquise finesse dont
l'*araignée* offre le plus remarquable spécimen.

Les voitures de campagne, on l'a déjà pressenti,
étaient encore plus lourdes que les voitures de ville.

On avait la *gondole*, qui pouvait contenir douze personnes assises. C'était un grand coffre, avec banquette sur les quatre faces, éclairé par huit petites fenêtres, trois de chaque côté, une à l'avant, une à l'arrière. Au-dessous du plancher se trouvait, comme dans la plupart des voitures de cette époque, la cave destinée à contenir les provisions et les hardes. D'ailleurs cette voiture était extrêmement lourde, d'un accès difficile, et semblait refuser aux voyageurs, par la petitesse de ses ouvertures, l'air qu'ils allaient chercher à la campagne.

La berline à quatre portières, ou berline allemande, était aussi voiture de campagne. Le roi et les princes s'en servaient bien à la ville, mais elle s'employait spécialement pour les promenades. Elle ne contenait que six personnes, disposées tout autrement que dans la gondole : au lieu d'un siège circulaire, il y avait trois banquettes parallèles, deux contre les fonds, une au milieu. Il y avait donc deux ruelles desservies chacune par deux portières, une sur chaque face latérale.

La gondole mesurait 8 pieds sur 4 pieds 3 pouces en moyenne à la ceinture. La berline allemande était un peu plus petite : 6 pieds 1/2 de longueur sur 44 à 46 pouces de largeur.

On le voit, la différence est grande de ces voitures dans lesquelles nos arrière-grands-pères allaient respirer l'air des champs, à celles que nous avons aujourd'hui. Quel sentiment de gêne et de malaise n'éprouverions-nous pas s'il nous fallait changer notre calèche découverte, qui permet de respirer librement, de s'allonger, de jouir à l'aise de la vue de la campagne, pour une de ces grandes et lourdes boîtes fermées, privées d'air et de lumière, et où l'on ne pouvait s'étendre pour dormir qu'à la condition d'en défoncer les parties antérieure et postérieure, pour y passer la tête et les jambes ! Dans les *dormeuses* d'autrefois, le fond et le devant de la voiture, au lieu d'être fixes comme dans les voitures ordinaires, étaient rendus mobiles à l'aide de charnières. Le fond s'abaissait sous les reins du voyageur, une petite niche creuse se formait à l'avant, dans laquelle il pouvait loger ses pieds !

Ces artifices de construction ne seraient plus admis aujourd'hui que dans les voitures de malades.

Notre landau moderne, pouvant s'ouvrir et se fermer à volonté, servir à la ville ou à la campagne, par le beau ou par le mauvais temps, l'emporte de beaucoup sur toutes les voitures anciennes dépourvues de grâce et de légèreté, aussi bien que de confortable. Il peut servir à mesurer les progrès qu'a faits la carrosserie depuis l'époque où Roubo, le fils, écrivait son *Art du menuisier-carrossier*. c'est-à-dire depuis cent ans.

Ces progrès sont encore plus appréciables dans la carrosserie de voyage que dans la carrosserie de ville ou de campagne.

Les voitures de voyage du siècle dernier s'appelaient *coches*. Les coches qui faisaient le service de Paris à Lyon étaient composés d'une caisse, mesurant 7 pieds de longueur sur 5 pieds de largeur à la ceinture, éclairée par trois fenêtres étroites sur chaque face et suspendue à l'aide de soupentes sur un train portant à l'avant le cocher et à l'arrière les bagages. Le coche de Lyon avait reçu le nom de *diligence*, ce qui tend à montrer la rapidité du trajet : cinq jours l'été et six jours l'hiver ! Douze personnes pouvaient prendre place dans la diligence, à raison de 100 livres par voyageur, nourriture comprise.

Aujourd'hui, la distance de Paris à Lyon est franchie en dix heures, moyennant 63^f,05, 47^f,50, ou 34^f,70, selon qu'on prend place en 1re, en 2e ou en 3e classe.

Pour aller à Strasbourg, le coche mettait douze jours ! La vapeur met douze heures.

La voiture de Lille mettait deux jours. Le voyage coûtait 55 livres, y compris la nourriture, ou 48 livres sans nourriture. Aujourd'hui, on va à Lille en 4^{h}30^m, moyennant 30^f,80 en 1re classe.

La voiture de Rouen partait trois fois par semaine et mettait un jour et demi à faire le trajet. Le prix des places était de 12 livres. Aujourd'hui, le prix des places pour Rouen est de 16^f,75, 12^f,50, 9^f,20, et la durée du trajet en train rapide est de 2^{h}19^m.

Il y avait aussi des coches ou des carrosses pour Chartres, Rennes, Orléans, Angers, Arras, etc., partant à des heures régulières et accomplissant leur service dans une durée plus ou moins longue suivant le temps, les accidents de la route, la promptitude des hôteliers et des aubergistes chez lesquels on s'arrêtait pour prendre les repas et passer les nuits.

Les mauvaises voitures publiques qui existent encore sur quelques routes de la France et qui font le service de la correspondance des chemins de fer sont des modèles de perfection à côté de celles qui existaient au siècle dernier. C'est seulement en 1775 que les Messageries royales s'établirent rue Notre-Dame des Victoires,

Fig. 23. — Diligence.

où elles sont encore, après avoir changé de nom sous les divers régimes qu'elles ont traversés, s'appelant tantôt royales, tantôt nationales, tantôt impériales. Les grandes entreprises de transport perfectionnent leur matériel, grâce aux capitaux importants dont elles disposent : après la turgotine des Messageries qui vécut de longues années, on vit apparaître, en 1818, les

grandes diligences à trois compartiments : coupé, intérieur, rotonde, surmontés d'une impériale pour les
bagages avec banquette pour les fumeurs. Ces diligences disparaissent tous les jours, ou sont refoulées
loin des grands centres et dans les pays de montagnes.

Là, elles se modifient pour répondre à de nouvelles
exigences. Le plus souvent, leurs dimensions dimi-
nuent, et au lieu des cinq chevaux d'autrefois, deux
ou trois restent au véhicule amoindri. Sur les routes
accidentées de la Suisse, il faut augmenter leur stabilité, sans réduire leurs dimensions. Les bagages sont
placés à la base de l'édifice roulant, les voyageurs
sont élevés pour mieux jouir des beautés du paysage,
et, le centre de gravité étant abaissé, le véhicule court
moins de risques de rouler au fond des précipices ou
de verser sur les talus rapides des voies de montagne.

Nous nous rappelons avoir vu, il y a une vingtaine
d'années, une modification assez curieuse du train des
grandes diligences des Messageries royales. Elle consistait dans l'adjonction d'un troisième essieu aux deux
essieux primitifs. La charge placée sur ces grandes
diligences aux abords de Paris était devenue tellement considérable que, pour attribuer à chaque essieu
une charge moindre, pour moins fatiguer les chaussées,
et donner enfin plus de stabilité à ces grands édifices
roulants, on avait cru devoir augmenter le nombre
des supports et créer un troisième essieu. Mais cette
tentative n'eut pas de suite. Les inconvénients qu'elle
présentait la firent promptement abandonner, et l'on
revint à l'ancienne diligence à quatre roues.

A côté des diligences destinées au public, circulaient il y a quelques années les *chaises de poste*, devenues bien rares aujourd'hui. Le postillon est une espèce disparue. Les fourgons du *Petit Journal* à Paris, les voitures de quelque fils de famille, qui veulent faire du bruit.... avec des grelots, nous en montrent seuls de rares spécimens. Mais disons d'abord ce qu'étaient les *chaises* en général.

« Ces voitures, dit Roubo, sont à une   deux places et diffèrent des carrosses-coupés ou diligences en ce que leur caisse descend plus bas que les brancards de leur train, de sorte qu'il ne peut y avoir de portières par les côtés, puisqu'elles ne pourraient pas s'ouvrir, mais qu'au contraire il n'y a qu'une portière par devant, dont la ferrure est placée horizontalement, de sorte que la portière se renverse au lieu de s'ouvrir. Ces espèces de chaises sont d'une nouvelle invention (1771); les plus anciennes, que l'on nomme *chaises de poste*, n'ont été construites dans l'état où nous les voyons maintenant qu'en 1664. Celles qui existaient auparavant, quoique peu antérieures à ces dernières, n'étaient qu'une espèce de fauteuil suspendu entre deux brancards supportés par deux roues. » On attribue l'invention des chaises de poste à un certain de la Grugère. Le privilège exclusif en fut accordé au marquis de Crenan, qui les nomma chaises de Crenan.

Les chaises de Crenan furent trouvées trop pesantes, et on leur substitua une autre espèce de voiture roulante, faite sur le modèle de celles dont on se servait en Allemagne depuis longtemps et qui subsistaient

encore, au milieu du siècle dernier, sons le nom de
soufflets.

Les chaises de poste, encore très en usage au commencement de ce siècle, disparaissent tous les jours.
Elles ne peuvent offrir ni la rapidité ni le confortable de nos chemins de fer, et il faut aimer l'isolement, les secousses et les aventures, plus que de raison,
pour les préférer aux avantages d'un coupé ou d'un
wagon-salon, qu'une bourse bien garnie peut toujours
se donner.

Une autre voiture de voyage, très employée en Angleterre, et dans la construction de laquelle les carros-
siers anglais ont montré un art tout particulier, est le
coach-mall : c'est l'ancienne voiture des postes. Une
grande caisse centrale, dans laquelle prennent place les
domestiques, est précédée et suivie de plusieurs banquettes destinées aux maîtres de l'équipage. Deux
grands coffres servent à loger les paniers ou les caisses
qui contiennent les vivres et les ustensiles de service
nécessaires pour faire un repas en plein air ou sur le
turf. On pourrait parfaitement leur conserver le nom
de caves des voitures d'autrefois, car les vins géné
reux y sont toujours en abondance. Quatre chevaux
ornés de rubans, de fleurs, de grelots ou de clochettes,
conduits en poste ou à grandes guides, traînent le
véhicule et lui donnent cet air de noblesse qui convient à l'aristocratie britannique.

C'est là, à notre avis, la vraie voiture de voyage, la
vraie voiture de touriste. Toute une famille, avec ses
serviteurs, peut y prendre place et entreprendre le

plus grand voyage continental. Par le beau temps, les maîtres sont au dehors, sur les banquettes; s'il vient à pleuvoir, ils rentrent. Les chevaux se reposent pendant les repas et l'heure de la sieste; et l'on va ainsi, par monts et par vaux, libre de tous soucis, oublier bien loin l'énervante activité, l'atmosphère accablante

Fig. 24. — Volante havanaise.

de la grande ville et se replonger dans le sein de la mère nature, sous les ombrages frais et l'air du ciel qui vivifient.

Mais différons encore ces longues et attrayantes entreprises, et revenons à nos *chaises*.

Nous ne pouvons donner une meilleure idée de ces

voitures qu'en les comparant à notre cabriolet à deux roues, ou tilbury moderne, à cela près que la caisse de la chaise était fermée, comme celle d'un coupé. Fixée en avant de l'essieu, elle pesait lourdement sur le cheval, lorsqu'elle n'était pas équilibrée par le poids des laquais ou des bagages placés sur la plate-forme d'arrière. Les conditions d'équilibre étaient aussi mal observées que dans la *volante havanaise*, vaste cabriolet découvert, pesant lourdement sur le petit cheval qui y est attelé et sur le dos duquel on a placé, comme par surcroît, un postillon nègre, en grande livrée.

Les *chaises à porteurs* sont assez semblables, pour la forme de la caisse, aux chaises dont nous venons de parler, mais l'usage en est tout différent. La chaise proprement dite est une voiture, tandis que la chaise à porteurs dérive du *palanquin*, de la *litière*. Le palanquin, usité encore dans les Indes, en Chine, dans les pays chauds et dans quelques parties de l'Amérique, convient aux habitudes indolentes et paresseuses des Orientaux. Un dais et des éventails garantissent des ardeurs du soleil ; la pluie est rarement à redouter. L'air peut circuler autour des colonnettes et des tentures de ce léger édifice.

Dans nos climats, on doit prendre d'autres précautions. Les litières et les chaises à porteurs sont fermées. Les premières peuvent contenir deux personnes, elles sont portées par des chevaux ou des mulets au moyen de brancards passant de chaque côté de la caisse, qui mesure d'ordinaire 24 à 26 pouces de largeur,

Fig. 25. — Palanquin de haut fonctionnaire en Chine.

5 pieds de long et 4 pieds 8 pouces de hauteur. Les secondes, ne contenant qu'une personne, ont seulement 22 pouces à 2 pieds de largeur, 50 pouces de longueur, 4 pieds 6 pouces de hauteur.

Nous n'avons pas besoin de dire que les chaises à porteurs, aussi bien que les litières, ont complétement disparu. Elles pouvaient convenir à une époque où la circulation était moins active qu'elle ne l'est aujourd'hui, à une époque où le temps avait moins de prix et la vitesse moins de valeur qu'au temps où nous vivons. On n'en voit plus de spécimen que dans quelques opéras et au musée de Trianon à Versailles. Là, on conserve précieusement deux chaises à porteurs, dont les panneaux enrichis de peintures sont de vraies œuvres d'art : l'une a appartenu à Marie Leczinska, elle est peinte par Watteau ; l'autre, celle de Marie-Antoinette, est peinte par Boucher.

D'autres voitures étaient en usage à la même époque que la chaise à porteurs. Les *brouettes* étaient montées sur roues et, au lieu de deux porteurs, avaient un traîneur, *ce qui, malgré l'usage, ne faisait pas beaucoup d'honneur à l'urbanité française.*

Il y avait aussi des chaises de jardin, à une seule ou à plusieurs banquettes, mais ces voitures sont sans intérêt. C'est le type qui s'est maintenu jusqu'à nos jours, et qui a fourni la voiture de malade, la *voiture-invalide*, avec ou sans leviers, pédales ou manivelles. Nous ne nous y arrêterons donc pas.

Une seule de ces nombreuses voitures du siècle dernier s'est conservée, nous a-t-on dit, sans modifi-

cation notable. Le *wourst* ou *wource*, voiture de
chasse, importée d'Allemagne, se retrouve encore
dans les montagnes de la Savoie. Le wourst est une
voiture à quatre roues, qui se compose essentiellement d'une longue banquette sur laquelle les chasseurs se placent à califourchon. Une banquette à deux
places, à l'avant, reçoit le conducteur. Une banquette
semblable est placée à l'arrière. Enfin une large tablette, reposant sur l'essieu de derrière, reçoit les

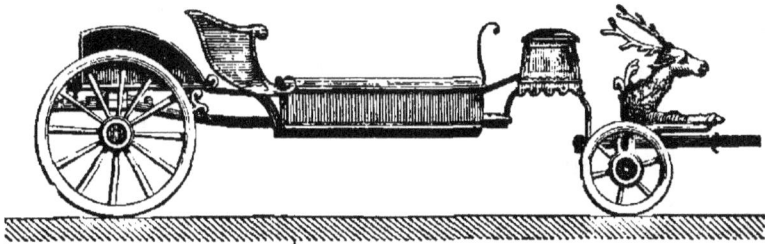

Fig. 26. — Wourst.

paquets et les provisions que les chasseurs emportent
avec eux. La voiture est très-effilée, les roues sont
aussi rapprochées que possible, de manière à passer
facilement dans les sentiers étroits des forêts.

La calèche, le char à bancs, le break, sont générale-
lement employés aujourd'hui comme voitures de
chasse. Le wourst pouvait satisfaire à certaines exigences, mais il n'avait pas les avantages recherchés
dans toutes les voitures modernes.

A mesure que les peuples se civilisent, leur goût
pour le confortable et pour le luxe augmente. En général, pour qu'une nouvelle voiture obtienne quelque
succès, il faut que ses formes extérieures aient la grâce

qui convient aux choses de luxe et que son aménagement intérieur offre le confortable auquel nos habitations modernes nous ont accoutumés.

M. Brice Thomas, dans son *Guide du Carrossier* nous dit avoir connu un inventeur qui avait trouvé le moyen de transformer une voiture à deux roues et à deux places, en voiture à quatre roues et à six ou huit places. La voiture à deux roues était un tilbury monté sur quatre ressorts en châssis. On la transformait en phaéton, et il n'y avait plus qu'à rapporter un avant-train mobile; le tilbury à deux roues devenait ainsi voiture à quatre roues et à quatre places. Voulait-on obtenir deux places de plus : on sortait un second tiroir du premier, pour recevoir un autre siège, et ainsi de suite.

Une autre disposition permet de changer le cocher en groom et *vice versâ*, en plaçant le siège tantôt devant, tantôt derrière la voiture, sans s'inquiéter des modifications qui en résultent pour la suspension, ou bien à faire du cocher un postillon, ou du postillon un cocher, en supprimant le siège de devant ou en le maintenant.

Il est certain qu'il faut des ressorts complaisants pour se plier ainsi à tous les caprices du maître, et que ce n'est pas sans porter gravement atteinte à la solidité de la voiture qu'on peut tour à tour la charger en avant ou en arrière, selon son bon plaisir.

Les voitures de luxe varient donc à l'infini : le goût du constructeur, le pays, le climat et la saison où on les emploie, le but auquel on les destine, modifient complétement leurs dispositions; mais c'est toujours une caisse montée sur roues et supportée par des ressorts. Le génie des inventeurs ou le caprice des gens riches a modifié de mille manières les diverses parties de la voiture, les roues seules ont résisté ; on n'a pas su encore faire autre chose qu'un cercle.

Dans cette foule de voitures de toute espèce qui sillonnent Paris dans tous les sens, on retrouve toujours en plus grand nombre ces fiacres à l'allure modeste, avec leurs deux chevaux trottinant lentement, — plus lentement à l'heure qu'à la course, — et leur cocher sorti de la Lorraine, de la Normandie, de l'Auvergne ou de la Savoie ou du sein même de Paris, de cette classe à part qui se recrute, dit-on, parmi les huissiers sans contrainte et les photographes sans ouvrage.

Tels sont les descendants de Sauvage, qui ont tour à tour conduit dans la grande ville les citadines, les urbaines, les lutéciennes, les mylords, les thérèses, les cabs et toutes ces variétés plus ou moins disparues qui ont fait place aux *petites voitures* de la Compagnie générale et de quelques autres entrepreneurs.

Paris grandissant, les exigences de la circulation se sont accrues. Le nombre des voitures de louage, qui n'était que de 170 en 1703, était de 4487 en 1855. Il est en ce moment de plus de 9000, dont un tiers de voitures de grande remise. Ces voitures appartiennent à dix-huit cents entrepreneurs et à la Compagnie générale, qui, en 1855, a racheté tous les numéros roulants des entrepreneurs qui ont consenti à se retirer.

Elle seule présente des types de voitures convenables, aux formes étudiées, sans luxe, à la vérité, mais ayant le confortable qui convient au public, ouvrier ou bourgeois, habitué à s'en servir. L'ancien cabriolet a complétement disparu, ce cabriolet à deux roues où l'on avait le *plaisir* de causer avec le cocher. Il n'y a, plus que des voitures à quatre roues, ouvertes ou fermées ; les unes et les autres sont à quatre places ou à deux places, et valent en moyenne 1,007 fr. 66.

La Compagnie les construit elle-même. Elle a ses ateliers, ses machines, ses ouvriers, et produit annuellement environ 500 de ces voitures, dont la durée varie de 10 à 12 ans.

En 1866, la Compagnie générale avait mis en circulation 3,200 voitures, desservies par 10,741 chevaux, d'une valeur moyenne de 650 à 800 francs, et d'une valeur totale de près de 8 millions.

Les grandes industries parisiennes méritent d'être étudiées d'une manière spéciale : il faut pénétrer au sein de leur organisation et se rendre un compte exact de leur importance pour comprendre les exigences de cette population dont la fièvre est l'état normal. M. Maxime du Camp, dans son ouvrage intitulé *Paris, ses organes, ses fonctions et sa vie dans la seconde moitié du dix-neuvième siècle*, décrit de main de maître ce grand Paris incessamment agité.

Dans son chapitre des fiacres, auquel nous empruntons quelques-uns des renseignements qui précèdent, il nous dit encore : « Les fourrages consommés en 1866 ont représenté la somme de 9,113,750 fr. 88 c., soit près de 25,000 francs par jour, 7 fr. 64 par voiture et 2 fr. 42 par ration.

Les seuls dépôts, non compris les stations de remise louées dans divers quartiers, représentent une valeur de plus de 15 millions.

Les contributions de toute sorte montent à plus de 2 millions.

Le personnel se compose de 6,800 agents environ.

Ces charges sont énormes, et il arrive, quand les fourrages sont chers, que les recettes n'équilibrent pas les dépenses. En 1864, chaque voiture coûtait 13 fr. 42 par jour et rapportait 14 fr. 55 : bénéfice 1 fr. 60. En 1865, au contraire, bien que la recette se soit élevée à 14 fr. 67, la dépense a été de 15 fr. 27 et a entraîné une perte de 0 fr. 60 par voiture, ou de 700 à 800 francs pour l'année.

On comprend ce qu'il faut de science dans la direction d'une semblable entreprise, où les petites dépenses sont multipliées par de si gros coefficients, pour équilibrer les recettes et les dépenses, et pour faire en outre que les actionnaires, aux assemblées générales, ne s'entendent pas dire quelque phrase de ce genre : « Messieurs, l'année que nous avons eu à traverser n'a pas été heureuse pour notre entreprise ; nous avons eu à lutter..., etc. » Quand le mot de lutte apparaît, la défaite n'est pas loin.

Quoi qu'il en soit, on ne peut que rendre hommage au mérite des hommes qui conduisent ces grandes

Fig. 27. — L'omnibus des boulevards.

affaires. Il faut connaître les difficultés, sans cesse renaissantes qu'ils ont à vaincre, et l'énergie qu'ils
mettent à les combattre, pour les apprécier comme il
convient.

La Compagnie des Omnibus n'est pas moins intéressante que celle des Petites Voitures. Les services qu'elle
rend à la population parisienne ne méritent pas moins
l'attention que les détails intimes de son excellente
organisation.

En 1872, la Compagnie des Omnibus a transporté
près de 109 millions de voyageurs, c'est-à-dire plus
de cinquante fois la population de Paris, et ces transports ont eu lieu à l'aide de 644 voitures.

Leur trajet annuel est de 22 millions de kilomètres
environ, ou plus de 65 fois la distance de la terre à la
lune.

Il faut considérer les voitures de la Compagnie au
point de vue de l'ingénieur pour bien comprendre la
valeur de chacune des dispositions, quelquefois insignifiantes en apparence, qui ont été adoptées. Les améliorations apportées à la construction de ces voitures
depuis leur création sont considérables. La plus importante est la création de l'impériale. C'est par là que
l'omnibus, presque exclusivement réservé, à cause du
prix de ses places, à la classe bourgeoise, est devenu
aussi la voiture du peuple. Tandis qu'au dedans on
trouve souvent des toilettes parfumées, on voit sur
l'impériale des ouvriers en blouse, la pipe à la bouche.
On pourrait presque dire que l'agrandissement de Paris

a eu pour conséquence la création des impériales, sans
lesquelles la population ouvrière, reléguée dans les
quartiers éloignés, n'aurait pu venir au centre où ses
travaux l'appellent.

Ces impériales ont aujourd'hui 12 places ; à l'origine, elles n'en avaient que 10. Il a fallu, pour placer
deux nouveaux voyageurs, avancer le cocher, établir
le passage d'arrière un peu en porte-à-faux. Le centre
de gravité du véhicule s'est élevé lorsque le chargement a été réparti entre le dedans et le dehors. On ne
pouvait abaisser les essieux sans diminuer le diamètre
des roues : on les a coudés.

Les siéges ont été améliorés ; les marchepieds, les
mains courantes sont mieux établis. Il n'est pas jusqu'aux écriteaux, jusqu'au moindre boulon, qui n'ait
été l'objet d'études spéciales, et que l'on n'ait modifié
et perfectionné conformément aux indications de la
pratique.

Les omnibus ont donc aujourd'hui 26 voyageurs :
14 au dedans, 12 sur l'impériale, soit 28 avec le cocher et le conducteur. La voiture pesant 1,700 kilog.,
ét les voyageurs 70 kilog. en moyenne, l'ensemble
pèse 3,660 kilog., c'est-à-dire 1,830 kilog. par cheval.

Il faut, pour remorquer de telles charges, dans les
conditions difficiles de la circulation parisienne, des
chevaux d'une vigueur exceptionnelle : la Normandie,
le Perche, les Ardennes, la Bretagne les fournissent,
et leur ration revient à 2 fr. 35 par jour. Aussi bien
que les voitures, les chevaux sont examinés avec soin

et doivent avoir, pour être admis, des qualités spéciales, et surtout de bonnes jambes de devant, capables de résister longtemps à la fatigue de ces arrêts prompts et répétés de la voiture à laquelle ils sont attelés.

La Compagnie des Omnibus possède environ 8,300 chevaux. Son matériel roulant et sa cavalerie sont répartis dans 40 dépôts qui occupent une surface considérable. Il faut des cours très-vastes pour laver les voitures, des remises très-étendues pour les garer et des écuries très-spacieuses pour que les chevaux qui desservent (par dix) chaque voiture, s'y trouvent à l'aise et sainement : certaines écuries sont à deux étages. Il faut enfin des hangars, des greniers, des magasins considérables pour contenir les approvisionnements de grains et de fourrages nécessaires à la nourriture de tous ces animaux.

Leurs repas sont réglés, aussi bien que la durée de leur travail quotidien, qui est de 16 kilomètres en moyenne, — aussi bien que leur fatigue, car on leur adjoint des renforts pour gravir les rues trop rapides, — aussi bien que la vitesse de leur marche, car les cochers sont surveillés attentivement.

Comme la Compagnie des Petites Voitures, la Compagnie des Omnibus fabrique elle-même ses voitures. Elle se les procure ainsi à meilleur marché et est plus sûre de les avoir solides et bien construites. Chaque voiture revient à 3,500 francs environ.

Le tableau suivant donne, d'une manière succincte, une idée de l'importance de l'entreprise :

Établissements immobiliers, écuries, greniers..	19 367 000 fr.
Chevaux..	7 700 000
Fourrage en approvisionnement. . .	1 760 000
Matériel roulant (voitures, harnais). .	4 120 000
Ateliers, outillage, rechange, mobilier industriel.	5 599 000
Voie ferrée et son matériel d'exploitation.	2 144 000
Divers, fonds de roulement.	2 310 000
TOTAL	41 000 000 fr.

Le public réclame parfois la mise en service d'une voiture nouvelle ou la création d'une ligne. Les chiffres qui précèdent lui apprendront qu'une voiture nouvelle exige un capital de 56,810 francs, et une ligne de 20 voitures une somme de 1,100,000 francs.

L'existence d'une aussi vaste entreprise au dedans du mur d'octroi élève dans de très-fortes proportions les dépenses annuelles.

En 1872, la recette a été de	21 802 297 fr.
et la dépense, de.	19 898 146
D'où résulte un produit net de. . . .	1 904 151 fr.
Auquel correspond, par journée de voiture, un produit de.	89 fr. 74
Or, chaque voiture coûte, par jour	84 40
Reste comme produit net	5 fr. 34

Qui croirait, à voir ces omnibus si souvent complets, que le revenu soit aussi faible? Les choses sont telles cependant et, fait remarquable, mais que le calcul démontre nettement, l'omnibus serait-il complet tout le jour de la station de départ à la station d'arrivée, la Compagnie serait en perte. Le renouvellement du voyageur durant le trajet produit seul un bénéfice.

La Compagnie des Omnibus possède encore une partie importante du réseau des tramways. Nous y reviendrons dans un chapitre spécial.

Nous allons aborder maintenant la description de la locomotive sur les voie ferrées. Au lieu des rues limitées d'une cité, nous allons parcourir le territoire d'un pays tout entier; au lieu du souffle borné du cheval, nous aurons le souffle puissant d'une machine qui travaille presque aussi longtemps qu'elle a du charbon et de l'eau à digérer; au lieu de l'industrie de quelques habitants, nous allons servir l'industrie d'un peuple ou d'un continent. Les frontières s'abaissent et la civilisation étend ses limites.

CHAPITRE VI

LES CHEMINS DE FER

1. — IMPORTANCE DES CHEMINS DE FER.

De toutes les découvertes de ce siècle qui comptera certainement parmi les plus féconds en productions nouvelles, il n'en est aucune qui soit plus importante dans son application, plus considérable dans ses résultats que celle des chemins de fer. Les rails sont aux produits de l'industrie humaine ce que les caractères de l'imprimerie sont à ceux de la pensée. Les noms de Stephenson et de Séguin doivent être incrits à côté de celui de Gutenberg.

Tout instrument qui contribue à rendre le travail de l'homme plus parfait en multipliant les ressources dont il dispose et en associant de la manière la plus favorable les mérites et les aptitudes variés des peuples répandus à la surface de la terre, est certainement appelé à en accroître la valeur dans de très-grandes proportions. Or, tel est le résultat des chemins de fer que

leur développement rapide rend chaque jour plus remarquable. Ces nouvelles voies unissent les intérêts
des nations comme en un même faisceau et font entrevoir la base d'une alliance universelle. Ils effacent les
frontières et contribuent bien plus que les traités de
paix, — œuvres essentiellement fragiles, — à resserrer
les liens sur lesquels repose l'union des membres de la
grande famille humaine. Les pays déshérités changent
de face sous leur influence régénératrice. L'ignorance
disparaît et, où régnait la misère, apparaît le bien-être.
La communauté des intérêts entraîne la commuauté
des affections : élévation matérielle, intellectuelle et
morale, tel est le triple résultat de l'invention des
chemins de fer.

Quelques chiffres suffisent à donner la mesure du
développement actuel des voies ferrées (1ᵉʳ janvier
1876) :

295 139 kilomètres dans le monde entier, 74 milliards dépensés ;
143 758   —   en Europe,   57   —
21 596   —   en France,   10   —

Près de 5000 millions de francs de recette brute annuelle.
— 13 000 millions de francs d'économie annuelle sur les anciens transports.
— 2540 millions de francs d'économie annuelle sur les anciens transports pour la France seulement.

On compte :	en Amérique. . . .	133,920 kilomètres exploités.
—	en Europe.	143,758 —
—	en Asie.	12,302 —
—	en Afrique.	2,339 —
—	en Océanie	2,820 —

Soit dans le monde entier. . . 295,139 kilomètres exploités.

Le tableau suivant indique la situation des chemins de fer exploités dans les différents États de l'Europe.

SITUATION DES CHEMINS DE FER EN EXPLOITATION DANS LES DIVERS ÉTATS DE L'EUROPE.

(Annuaire officiel des chemins de fer, année 1876.

ETATS.	LONGUEURS EXPLOITÉES.	SUPERFICIE.	POPULATION.	LONGUEURS par myriam. carré.	par million d'habitants.
	kilom.	kilom. c.	habitants.	kil.	kil.
Belgique.	5.499	29.455	4.897.794	10.18	714
Gr.-Bretagne et Irlande.	26.870	315.640	30.000.000	8·51	892
Pays-Bas et Luxembourg	1.894	52.840	5.628.468	5.77	522
Allemagne.	27.956	550.367	38.325.858	5.27	729
Suisse.	2.080	41.418	2.510.494	5.02	830
France	21.596	543.051	58.192.064	3.97	565
Danemark.	1.260	58.230	1.755.787	3.50	717
Autriche-Hongrie.. . .	17.568	620.400	51.530.002	2.80	550
Italie	7.688	284.225	25.527.915	2.70	301
Espagne.	5.796	494.946	15.752.607	1.16	367
Portugal..	954	89.355	3.927.592	1.07	242
Suède et Norwége . . .	4.466	758.585	5.874.856	0.59	760
Turquie, Roumanie , Grèce.	2.781	566.089	17.786.052	0.49	156
Russie..	19.550	4.975.786	61.231.526	0.39	319
Totaux et moyennes.	143.758	9.518.385	281.938.775	1.54	509

Ces résultats nous rappellent les paroles que prononçait un ministre, à la tribune, après une visite qu'il venait de faire au chemin de Liverpool. « Il n'y a pas aujourd'hui, disait-il, huit ou dix lieues de chemins de fer en France, et, pour mon compte, si l'on venait m'assurer qu'on en fera cinq par année, je me tiendrais pour fort heureux... Il faut voir la réalité ; c'est que, même en supposant beaucoup de succès aux chemins de fer, le développement ne serait pas ce que l'on avait supposé. — Vous voulez que je propose aux Chambres de vous concéder le chemin de Rouen, disait le même ministre un ou deux ans plus tard, je ne le ferai certainement pas ; on me jetterait en bas de la tribune !.... »

On pouvait alors penser ainsi, mais heureusement, les économistes, les ingénieurs, les capitalistes, les Michel Chevalier, les Séguin, les Talabot, les Didion, les Clapeyron, les Flachat, les Perdonnet, les Pereire et les Rothschild entrevoyaient l'avenir réservé aux chemins de fer.

II. — LA CONSTRUCTION.

L'étude d'un chemin de fer comprend deux parties distinctes : *la voie,* qui est le moyen de transport ; *le matériel roulant*, véhicules et machines, qui sont les instruments du transport. L'un, en diminuant le frottement, produit l'économie ; l'autre donne la vitesse ; tous deux concourent d'ailleurs à ce double résultat :

Économie de temps et d'argent,

et par suite :

Accroissement de vie et de capital.

A ces deux parties constitutives d'un chemin de fer se rapportent deux périodes distinctes de son existence : la *construction* et l'*exploitation*, toutes deux pleines du plus vif intérêt par les problèmes multiples qu'elles donnent tous les jours à résoudre.

Nous passerons rapidement en revue les faits qui se rapportent à la construction.

A. — Études. — Évaluation des dépenses et des produits.

Une première période, période d'incubation, précède toujours le premier coup de pioche. C'est celle des études. Lorsque les deux points extrêmes d'une ligne ont été déterminés, il reste à fixer les points intermédiaires qu'elle doit desservir. Les considérations les plus diverses interviennent dans la solution de ce problème ; les unes sont de l'ordre purement moral, les autres de l'ordre matériel, en ce qui touche, du moins, à la science de l'ingénieur, et si la nature du sol est l'un des premiers éléments du problème à résoudre, il n'est pas tel du moins qu'il impose d'une manière absolue le tracé qui doit être adopté.

Le tracé sera-t-il direct, sera-t-il indirect ? Quelles sont les limites d'inclinaison et de courbure qu'il convient d'imposer à son exploitation ; aura-t-il deux voies, ou n'en aura-t-il qu'une seule et quelle sera la largeur de cette voie ou de ces voies ? Quel sera le moteur ? Toutes ces questions qui se rattachent à la question capitale du tracé exigent de la part de l'ingénieur une série d'études préliminaires très-délicates, qui sont la base de ce qu'on appelle un *avant-projet*. Après avoir reconnu le terrain et construit le futur chemin sur le papier, il doit se transporter par l'esprit au temps de l'exploitation, chiffrer les revenus, estimer l'importance du trafic et rapprocher la recette probable des dépenses approximatives de construction et d'exploitation. Ce n'est jamais qu'après de longs tâtonnements qu'il arrive à tracer la ligne qui répond de la manière la plus satisfaisante aux intérêts des populations traversées et à ceux des actionnaires qui ont engagé leurs capitaux dans l'entreprise.

Les études de chemins de fer, en France, où nous avons la superbe carte de l'état-major, et dans les pays dont la topographie a été bien représentée, sont généralement faciles ; mais, dans les pays neufs, en Russie, en Espagne, en Afrique et dans tant d'autres qu'on a abordés sans aucun guide sûr, le travail est plein de difficultés. On part comme le soldat à la recherche de l'ennemi, bagages et intruments sur le dos, on campe en plein champ, on mange comme on peut, on boit quand on a de l'eau, on se repose quand on tombe de fatigue et on dort souvent à la belle étoile. On lance des lignes d'opération dans différentes directions et souvent, après avoir laissé sa peau et ses vêtements aux ronces du chemin, on vient se butter contre une montagne que les rampes les plus rapides ou les souterrains les plus longs ne pourront franchir. Force est de rebrousser chemin et de chercher un passage dans une nouvelle direction. Les pays de montagnes fournissent souvent des accidents de ce genre. Nous pourrions citer telle chaîne dans l'Andalousie contre laquelle trois brigades d'études dirigées par des ingénieurs différents sont venues successivement se heurter et qu'une quatrième enfin a réussi à forcer ; travaux pénibles, longs et difficiles, réclamant un coup d'œil juste, une précision rigoureuse et une grande persévérance.

Cette étude du sol qui doit porter l'édifice, n'exige

pas des soins moins délicats que la recherche des éléments qui doivent servir à l'évaluation des produits de
la future ligne. Partout où la circulation des gens et
des choses a été notée d'une manière exacte, le travail
est facile ; mais, ailleurs, il faut se lancer dans le
champ des tâtonnements et des hypothèses. En France,
l'administration des ponts et chaussées a fait constater
par des comptages, opérés à différentes époques de
l'année, l'importance de la circulation sur les routes.
Les relevés des contributions indirectes sont une autre
source de renseignements précieux. Les octrois des
villes et des communes sont aussi d'un puissant secours.
Enfin, les indications fournies par les industriels, les
grands négociants, complètent la série des documents
sur lesquels on peut baser une évaluation sérieuse.
Mais, si les premiers éléments d'information méritent
une confiance absolue, les seconds, plus ou moins in-
téressés, réclament un contrôle minutieux et attentif.
L'intérêt général disparaît devant l'intérêt privé chez
l'usinier qui compte sur l'établissement du chemin de
fer pour obtenir ses matières premières à meilleur
marché et revendre ses produits à plus haut prix ; chez
l'agriculteur qui voit par avance monter le prix de ses
propriétés et celui de ses récoltes. Luttes de villes, de
communes, d'individus, réclamations de toutes sortes
s'élèvent durant l'étude du tracé et au moment des en-
quêtes. L'ingénieur doit tout entendre et se constituer
juge suprême du débat. L'administration souveraine
prononce, mais sur les rapports qui lui sont fournis
par les ingénieurs.

B. — Infrastructure. — Installations préliminaires. — Travaux. — Terrassements : l'homme, le cheval, la machine, les principales tranchées. — Ouvrages d'art : souterrains, tracé, percement, accidents; les principaux souterrains; le tunnel des Alpes. — Viaducs en pierre, en bois, en fer, en fonte. Principaux viaducs. — Principaux ponts. Pont du Niagara.

Aux avant-projets généralement étudiés dans différentes directions, succèdent les projets; à l'esquisse, le tracé définitif. Les balises, les jalons, les piquets sont plantés, et sur le coteau ou dans la plaine on voit se dessiner la ligne future. Les études d'ensemble sont suivies des études de détail. Les ouvrages destinés au maintien de la circulation et à l'écoulement des eaux sont projetés à la rencontre des chemins et des cours d'eau. Les souterrains et les viaducs sont projetés. Les variantes du tracé, sont étudiées et comparées au tracé primitif, les terrains sont reconnus par des sondages dans l'emplacement des tranchées à ouvrir, des souterrains à percer ou des ponts à établir, les matériaux de construction sont recherchés, les carrières ouvertes, les briqueteries et les fours à chaux mis en feu.

L'œuvre se prépare : l'appareilleur dresse l'aire sur laquelle il dessine ses épures de coupes de pierre, le charpentier approvisionne ses bois, élève les baraques, entreprend la construction des brouettes, des wagons de terrassement, des chariots, des chèvres, des grues, des engins et des échafaudages de toutes sortes, nécessaires à l'exécution des travaux de terrassement et des ouvrages en maçonnerie. Les magasins se garnissent, le fer arrive ; voici des rails pour l'établissement des voies provisoires, puis des pompes pour les épuisements, des ventilateurs, des machines d'extraction pour le percement des souterrains, des locomobiles pour la mise en marche de ce gros matériel, enfin des locomotives pour le transport rapide des terres déblayées.

Le travail va commencer. Les contre-maîtres envoyés dans différentes directions pour raccoler des ouvriers, reviennent avec de nombreuses recrues : ce sont des terrassiers belges, des mineurs piémontais, des maçons ou des tailleurs de pierre d'Ivrée ou de Bielle (dans les États Sardes), des Limousins pour la construction des stations et des maisons de garde. Il a fallu prévoir l'arrivée de toute cette armée d'ouvriers. Les auberges des localités situées dans le voisinage du tracé sont ou trop rares, ou insuffisantes pour abriter tout ce monde. Des cantines sont construites, des baraquements installés, des magasins de vivres approvisionnés, des ambulances fournies de leur matériel et de leur personnel d'infirmiers, de sœurs de charité et de médecins, pour les premiers soins à donner en cas d'accidents, ou pour suppléer à l'absence ou à l'insuffisance des maisons de secours existantes. Enfin, on a dû penser aux besoins de la religion, construire une chapelle pour le culte le plus répandu et lui donner un desservant. Et comme le représentant du Dieu de paix est souvent impuissant à maintenir la bonne harmonie entre ces ouvriers venus de tous les pays et qui trouvent dans l'alcool et dans des liqueurs frelatées le soutien de leurs forces, — à coté de la chapelle, on a installé un corps-de-garde pour le cas où l'on serait forcé de recourir à des moyens plus persuasifs, à des arguments plus énergiques que la parole.

Telles sont, en résumé, les installations que nécessite la construction d'un chemin de fer, installations préliminaires et qui ne laissent pas que d'avoir une influence notable sur la bonne et la prompte exécution des travaux.

Les tranchées sont attaquées et nos Belges à la grande encolure poussent la brouette. Dans un bon chantier, jamais la brouette pleine ne touche terre. Lorsqu'un rouleur arrive au relai, il ralentit sa marche, son camarade se présente de côté, prend la brouette pleine, fléchit les reins, souvent découverts jusqu'à la ceinture, et reçoit de la main de son camarade l'impulsion du départ. Même reprise au relai suivant, et ainsi de suite jusqu'à la décharge.

Lorsque la distance de transport atteint 100 mètres, les brouettes cèdent la place aux tombereaux, qui bientôt sont remplacés par des wagons traînés par des chevaux ou par la locomotive. Une plus grande activité se déploie sur le chantier, des pentes sont ménagées pour faciliter le transport des déblais, personne ne chôme. Depuis l'enfant qui porte le bidon à l'eau aromatisée de vinaigre, de café ou d'eau-de-vie, qui manœuvre l'aiguille et s'occupe du graissage des wagons jusqu'au cheval au large poitrail, à la croupe solide et brillante, tout le monde rivalise d'ardeur. Avez-vous remarqué jamais l'intelligence de ces chevaux qui, sur les grands chantiers, leur a fait attribuer des fonctions spéciales ? Attelés au tomberau, ils vont sans guide de la charge à la décharge, sans jamais abandonner le chemin tracé sur l'étroit remblai qu'ils doivent parcourir. Arrivés au but, ils tournent; un homme ou un enfant culbute le véhicule et la bête revient chercher une nouvelle charge. Attelé au wagon, le cheval prend le nom de *lanceur*. A quelque distance de la décharge, il fait, sur un cri du charretier, un effort énergique, tend ses traits, raidit ses muscles, fléchit ses jarrets, et de tout son corps élevé sur ses jambes de derrière et buté sur les traverses de la voie, il entraîne sa lourde charge. Pendant quelques secondes, il chemine entre les deux rails. Mais l'impulsion donnée est déjà suffisante pour que le wagon atteigne seul les traverses formant barrage à l'extrémité de la voie; l'attelage est rompu au moyen d'une ficelle et d'une attache à ressort. D'un bond, le cheval escalade le rail et les traverses saillantes qui le portent, et se range sur le côté du remblai. Le wagon vidé, il se retourne et l'entraîne à quelques pas sur une voie d'évitement. Tout cela se passe en moins de temps que nous n'en mettons à le dire. Le cheval entend, voit, suit toutes ces manœuvres et les exécute avec une intelligence merveilleuse.

Même docilité, même soumission dans les travaux souterrains. Une lanterne fixée à la joue de son collier, il passe dans les galeries les plus étroites, sur un sol constamment inégal, tantôt rocher, tantôt terre, tantôt poussière, tantôt boue; il se glisse, tourne au milieu des étais, se heurte parfois, mais sans jamais

refuser ses services. Il se met au manége, s'attelle à
la corde d'une grue, se meut en ligne droite ou en
cercle avec la même facilité. Admirable animal, que
ne protègent pas assez nos lois contre la brutalité de
ses gardiens !

Ne voulant pas faire de la technologie, nous n'en-
trerons dans aucun détail sur l'installation des grands
chantiers de chemins de fer ; nous nous conten-
terons de dire que, tandis qu'aujourd'hui l'exécution
d'une voie ferrée est devenue familière à nos entrepreneurs, elle était à l'origine chose complétement neuve.
L'ouverture d'un canal, que l'on mettait des années à
creuser, s'opérait à de si rares intervalles et dans des
conditions si différentes, qu'elle n'avait formé aucun
ouvrier expert ; aussi, les ingénieurs qui eurent à construire les premiers chemins de fer durent-ils se façon-
ner eux-mêmes à ce nouveau genre de travaux, en
dressant leurs entrepreneurs comme leurs propres employés. Aucune difficulté n'existe plus de ce côté depuis longtemps. L'expérience est faite désormais.

Rappelons seulement les noms des plus grandes
tranchées donnant passage à des voies ferrées :

La tranchée de Tring sur le chemin de Birmingham,
mesurant 1 100 000 mètres cubes ;

Gadelbach, sur le chemin d'Ulm à Augsbourg, un
million de mètres ;

Tabatsofen : 860 000 mètres cubes ;

Cowran, sur le chemin de Carlisle : 700 000 mètres
cubes ;

Blisworth, sur le chemin de Birmingham : 620 000 mètres cubes;

Poincy, au chemin de Strasbourg : 500 000 mètres cubes ;

Pont-sur-Yonne, au chemin de Lyon : 470 000 mètres cubes ;

Clamart, sur le chemin de Versailles, rive gauche : 400 000 mètres environ.

Les tranchées n'ont jamais plus de 15 mètres de profondeur, à moins qu'elles ne soient très-courtes.

Si la voie doit être placée plus profondément dans le sol, on perce un souterrain : il y a économie. Quant aux talus des tranchées, leur inclinaison varie entre la verticale et une ligne inclinée à 45° sur l'horizon. On ne descend au-dessous de ce chiffre qu'à la traversée des terrains d'une très-mauvaise nature, sans consistance et dont les éboulements fréquents nécessiteraient un entretien trop coûteux.

Les remblais s'élèvent aux deux extrémités des tranchées avec les déblais qui en sont sortis. Si ces déblais sont en excès, on les met en *dépôt ;* si, au contraire, ils sont insuffisants, on a recours à un *emprunt,* qui se fait, suivant les cas, en élargissement dans la tranchée ou sur les côtés du remblai à construire. La hauteur des remblais n'excède pas 20 mètres et l'inclinaison des talus est le plus souvent de 1 1/2 de base pour 1 de hauteur.

L'ingénieur ne cherche pas, comme il le fait pour la construction d'une route, à équilibrer rigoureusement les volumes des déblais et des remblais. Les conditions de tracé d'un chemin de fer sont autrement impérieuses. Les questions de pente et de courbure dominent toute autre considération, et la compensation, même approximative, des terres à déblayer et à remblayer n'est pour lui qu'une préoccupation secondaire.

L'un des premiers travaux attaqués et celui qui exige de la part de l'ingénieur les soins les plus assidus au point de vue du tracé, au point de vue de la conduite des travaux, est le percement des souterrains. Qu'on se figure un trou de plusieurs kilomètres de longueur parfois, d'une section de 50 à 50 mètres carrés, percé sous le sol, tantôt en ligne droite, tantôt suivant une courbe régulière au moyen d'attaques multipliées dont le nombre a varié depuis 2 jusqu'à 50, et installées au fond d'une autre série de trous verticaux ou de puits, dont la profondeur atteint souvent 200 mètres, et au fond desquels on trouve tout d'abord un air vicié par la fumée de la poudre et par la respiration des ouvriers, des infiltrations plus ou moins abondantes, qu'une pierre, un caillou qui tombe peut faire dégénérer en ruisseaux envahissants.

Une ligne droite ou une courbe est dessinée à l'aide de jalons, de pieux au travers du faîte à franchir. Tantôt elle monte sur un mamelon, tantôt elle descend dans une crevasse ; là elle traverse un bois, là elle plonge dans une source voilée sous un bouquet d'arbres, et ne ménage aucune habitation. Tous les points bas qu'elle a touchés, sont notés, espacés régulièrement, plus ou moins, selon les difficultés présumées du percement et la durée probable de leur exécution.

En chacun de ces points se trouve l'ouverture d'un puits. On se met à l'œuvre. Le puits descend ; le manége ou la locomobile s'installe, fait marcher le ventilateur et le treuil. Tout va bien : les premières couches tendres sont traversées sans difficultés; on blinde avec quelques planches, un peu de foin, des étais ; parfois on a recours au cuvelage en maçonnerie ; mais de légers suintements se produisent, il est nécessaire d'installer des pompes; on descend, l'eau augmente, les pompes sont insuffisantes, on en installe de nouvelles, la locomobile est doublée; on continue. Un caillou, comme une noix, se détache de la paroi du puits, un homme tombe pour ne plus se relever, première victime ; — un éboulement survient, l'eau envahit le puits, plusieurs hommes sont ensevelis; du secours au plus vite, on ne retire que des cadavres. C'est une alerte permanente, qui se répète en dix, quinze, vingt points différents.

Enfin on arrive à la profondeur voulue. Il faut indiquer la direction des attaques : nouvelle opération et l'une des plus délicates, sinon la plus délicate, à accomplir. Les ouvriers sont écartés. La locomobile reste en feu, quelques hommes sont au fond du puits, quelques autres à la surface. On trace à l'orifice un petit élément, une petite fraction de cette grande ligne dessinée sur le faîte, et, à l'aide de plombs suspendus à de légers fils, on reproduit au fond du puits cette petite ligne tracée à son ouverture. Le plus grand calme, le plus grand silence règne autour des opérations. Il semble que le bruit seul de la voix va troubler le repos attendu de ces deux fils ou agiter l'air au milieu duquel ils sont suspendus. Le plomb est trop léger, on en augmente le poids; le fil se rompt, et l'on recommence : les heures se passent et les ouvriers attendent. On fait plonger le grave dans un vase plein d'eau. Enfin les deux fils sont immobiles, ou leurs oscillations d'assez peu d'étendue pour qu'on puisse en prendre aisément la mesure et partager leur amplitude. Les points sont fixés et, sur ce petit tronçon de ligne comme base, on va construire toute une nouvelle ligne, la vraie cette fois, que maintes opérations nouvelles viendront encore contrôler, car la certitude en pareil cas ne résulte que de la multiplicité des tracés.

Souvent, la difficulté est augmentée par la situation des puits en dehors de l'axe du souterrain, disposition adoptée pour faciliter les manœuvres futures; mais poursuivons notre description.

Les ouvriers reprennent possession de leur chantier souterrain, qui présente désormais deux attaques dirigées en sens contraire. L'activité s'accroît. La poudre et les bois descendent, les déblais remontent; les hommes se remplacent toutes les six heures, le travail ne chôme pas un instant. En avant, marche la petite galerie que le tracé accompagne et dirige. Derrière, vient le battage au large, l'ouverture à grande section. Un muraillement ou un revêtement général est à faire ; on procède alors par tronçons ou par chambres alternatives, les éventails sont établis, les cintres sont dressés, les maçons suivent les boiseurs, et chaque

jour, à pas lents, au milieu d'incidents sans gravité
ou d'accidents épouvantables, le travail avance. C'est
un vrai trou de taupe, car dans certains terrains l'homme le creuse avec ses mains, tantôt sur le ventre, tantôt sur le côté, tantôt sur le dos. L'ouvrier des souterrains s'identifie à sa besogne ; à la lumière du soleil,
il préfère celle de sa lampe, au grand air l'atmosphère
humide, fumeuse et parfois fétide de son chantier.
Son visage a pris une teinte pâle uniforme ; ses yeux,
ses narines et ses lèvres sont d'un rose maladif et ses
cheveux sont parfois décolorés. On croirait à la souf-
france, si le soleil, l'air vivifiant du dehors, une nourriture plus forte et plus substantielle, ne venaient le
transformer et lui donner la force brutale qu'il montre
dans ces rixes qu'amène parfois la jalousie ou la co-
lère, et que termine trop souvent le couteau.

Les souterrains les plus remarquables sont :

La Nerthe, entre Avignon et Marseille, d'une longueur de 4,600 mètres ;

Blaisy, entre Tonnerre et Dijon. de 4100 mètres ;

Le Credo, sur le chemin de Lyon à Genève, de 5900
mètres ;

Rilly, sur l'embranchement de Reims, de 3500 mètres ;

Le tunnel des Alpes ou du Mont-Cenis, de 12 220
mètres de longueur.

L'un des tunnels les plus connus est celui de Blaisy,
à 288 kilomètres de Paris. Il est percé sous les monts
de la Côte-d'or, à la limite du bassin de la Seine et de
celui de la Saône. Voici quelques détails sur la cons-

truction de ce remarquable ouvrage : sa longueur, avons-nous dit, est de 4100 mètres, sa largeur entre les pieds-droits de 8 mètres et sa hauteur sous clef de 8 mètres également. On a percé 22 puits pour sa construction; le plus profond a 197 mètres de hauteur. Quinze de ces puits sont conservés pour l'aérage du souterrain. L'ensemble des 22 puits a coûté deux millions. Le cube des déblais extraits du souterrain est évalué à 350 000 mètres et celui des matériaux de construction à 150 000. On a employé plus de 150 000 kilogrammes de poudre. Ce souterrain a coûté, sans les puits, 1900 francs par mètre courant, soit 7 900 000 francs pour l'ensemble.

Disons quelques mots encore du tunnel des Alpes. Ce qui distingue essentiellement cet ouvrage des autres souterrains construits jusqu'à présent, c'est sa grande longueur (12^{kil},220) et l'impossibilité où l'on a été, en raison de la grande hauteur de la calotte superposée, de l'attaquer par des puits. Il n'y a donc eu que deux chantiers partis des deux têtes, de Modane et de Bardonèche, et allant à la rencontre l'un de l'autre. L'ouverture à l'exploitation remonte au mois d'octobre 1871. Il a fallu, en raison du nombre restreint des attaques, employer les moyens de perforation les plus rapides. Voici ce qu'on a fait. On a appliqué à la compression de l'air la force produite par la chute des cours d'eau descendant du faîte. L'air comprimé, à son tour, a servi à mettre en mouvement de petites machines perforatrices qui remplacent le travail lent et pénible des ouvriers. MM. Grandis, Grattone et Som-

meiller sont les inventeurs de ces machines. Aujour-
d'hui, une voie nouvelle, qui réduit la durée de la traversée à 20 ou 25 minutes, remplace l'ancienne route
de la montagne, que les chevaux de poste mettaient
10 à 12 heures à parcourir et que le chemin de fer
Fell[1], dont nous aurons bientôt à parler, a fait franchir
en 5 heures seulement. Maintenant, une communion
plus intime peut s'établir entre la France et l'Italie et
permettre à notre industrie d'aller puiser de nouvelles
et vivifiantes inspirations dans la péninsule ; — à nos
voisins de venir étudier nos procédés rapides et perfectionnés de fabrication.

La nécessité de traverser de larges fleuves et des
vallées profondes, imposée par le tracé des grandes
voies ferrées, a donné naissance à des ouvrages dont
nos pères n'abordaient la construction qu'à de rares
intervalles et qu'ils mettaient de longues années à élever. Nous voulons parler d'abord de ces imposants
viaducs en maçonnerie qui l'emportent bien, à notre
avis, sur les aqueducs tant vantés des Romains et des
Sarrazins, puis de ces ouvrages en tôle portés sur piles en maçonnerie ou sur piles métalliques, dont la
construction remonte à quelques années seulement et
qui a déjà reçu de nombreuses applications, tant elle
fournit un moyen économique et facile de franchir
les vallées profondes.

Les viaducs en maçonnerie, construits pour le pas-

---

[1] Un chemin de fer, d'un système analogue, permet de monter au
sommet du Righi.

sage des chemins de fer, sont remarquables à divers
titres : leur longueur, leur hauteur, la mauvaise nature du terrain qui les supporte, augmentent les difficultés de leur construction et en élèvent le prix de
revient.

Parmi les viaducs les plus longs, on cite surtout celui qui a été construit sur les lagunes de Venise pour
le passage du chemin de Vicence, et qui a 3,598 mètres de longueur ;

Celui qui traverse la ville de Nîmes de 1,670 mètres
de longueur, sur le chemin de Tarascon à Cette ;

Celui de Wittemberg, qui a 1,147 mètres de longueur ;

Enfin celui d'Arles, sur le chemin de Lyon à Marseille, et qui a 769 mètres de longueur.

La hauteur la plus grande de ces viaducs ne dépasse
pas 15 mètres.

Les viaducs les plus remarquables par leur grande
longueur et par leur grande hauteur, sont : celui de
Nogent-sur-Marne, qui a une longueur totale de 850
mètres et une hauteur de 29 mètres. Ce viaduc franchit la rivière au moyen de trois arches de 50 mètres
d'ouverture. Il a été construit en dix-huit mois. Le
viaduc de l'Indre mesure 751 mètres de longueur totale et 23 mètres de hauteur maxima.

L'un des ouvrages les plus renommés par sa légèreté est le viaduc de Chaumont, sur le chemin de Mul-
house à Gray. Sa longueur est de 600 mètres et sa plus
grande hauteur de 50 mètres. Il a été exécuté en quinze
mois.

L'un des viaducs les plus remarquables par ses dimensions et le plus grand de ceux construits en Allemagne pour le passage d'un chemin de fer, est celui du Goeltzschthal, sur le chemin de fer saxo-bavarois, entre Reichenbach et Plauen. Il a 579 mètres de longueur et sa hauteur maxima est de 80^m,37, c'est à peu près la même que celle de notre aqueduc de Roquefavour, qui a 81 mètres. C'est la hauteur des tours de Notre-Dame.

Nous pourrions citer encore plusieurs ouvrages en maçonnerie dignes de fixer l'attention; la France, les environs de Paris même en offrent de nombreux, mais nous devons indiquer maintenant quelques-uns des magnifiques travaux en charpente construits en Amérique, en Allemagne et en Russie, et qui, forêts suspendues, sont de véritables merveilles d'assemblage. Les uns sont à poutres droites, comme celui de Peacok, celui du Connecticut (384 mètres de longueur, avec des travées de 54 mètres).

Celui de Landore (496 mètres de longueur);

Celui de la Mesta, sur le chemin de Saint-Pétersbourg à Moscou (547 mètres de longueur, avec des travées de 60 mètres et une hauteur maxima de 52 mètres);

Les autres sont en arc de cercle, comme celui de Willington (319 mètres de longueur avec des arcs de 39 à 55 mètres de largeur);

Celui de la rivière l'Etherow (long de 158 mètres, avec une arche de 54 mètres d'ouverture et une hauteur maxima de 41 mètres);

Celui de la cascade-Glen (présentant un arc de cer-

Fig. 28 — Viaduc de Secrettown (Californie). 1100 pieds de long,
sur le chemin de fer Central-Pacific.

cle de 84 mètres d'ouverture, le plus grand qu'on ait encore construit, et 53 mètres de hauteur).

Mais le plus remarquable de ces ouvrages est le pont du Haut-Portage sur le chemin de Buffalon à New-York ; sa longueur est de 267 mètres et sa hauteur de 79^m,50 !

Le fer vient parer d'une manière avantageuse aux inconvénients des constructions en charpente. On peut dire que la construction des chemins de fer a produit les ponts en tôle, de même aussi que ces combles légers abritant nos grandes gares et une foule de constructions métalliques de différents genres.

Les ponts en tôle sont ou à poutres droites, pleines ou à treillis, ou en arc de cercle. Les plus remarquables, parmi les premiers, sont : le grand pont Britannia, sur le détroit de Menai, dont l'ingénieur est Robert Stephenson (longueur entre culées : 453 mètres en quatre travées ; hauteur de la pile du milieu 67 mètres) ;

Le viaduc de Crumlin, pour le chemin de fer de Pontypool à Swansea (longueur : 498 mètres, 10 travées de 45^m,75, hauteur du rail, au-dessus du fond de la vallée : 58^m,56) ;

Le grand pont sur la Vistule, à Dirschau (chemin de fer de l'Est de la Prusse : six travées de 138^m,40 de long chacune ; longueur totale, 882 mètres) ;

Le pont sur le Sitter (163 mètres de long en trois travées, 62 mètres de hauteur) ;

Le pont de Marienbourg (en deux travées de 106 mètres chacune).

Le premier pont en tôle construit en France est celui d'Asnières, sur le chemin de l'Ouest, qui est dû à M. Eug. Flachat ; il a remplacé le pont de bois brûlé en 1848 (sa longueur est de 168 mètres en cinq travées).

D'autres ponts du même genre se sont succédé bientôt en grand nombre. On remarque surtout le pont de Langon (228 mètres en trois travées) et celui de Bordeaux (629^m,11), sur la Garonne. — Dans ces dernières années, on a construit sur le Rhin le fameux pont de Kehl (235 mètres de longueur), qui réunit le duché de Bade à la France, et que ses fondations, sur un sol de gravier d'une profondeur indéfinie, rendent particulièrement remarquable. Il a coûté 8 millions.

Nous ne citerons, comme type de légèreté des ponts en arc, que le pont d'Arcole, construit à Paris, en face de l'Hôtel de ville, pour remplacer l'ancien pont suspendu, qui donnait seulement passage aux piétons.

Mentionnons aussi le fameux pont de Saltash, sur le bras de mer de Hamoaze, près de Plymouth, et dont Brunel est l'ingénieur (deux travées de 138^m,68 chacune, laissent aux navires, au moment de la haute mer, un passage libre de 30^m,48 de hauteur).

Mais un des ouvrages construits avec le plus de hardiesse est celui qui a été lancé par l'ingénieur Rœbling au-dessus des chutes du Niagara (249^m,75 de longueur en une seule travée, à 74 mètres au-dessus de la rivière). Ce pont est à la fois en treillis et suspendu. Quatre câbles s'appuient sur les piles élevées, placées sur les deux rives ; deux supportent le tablier supérieur sur lequel passe la voie unique de fer, deux autres supportent le tablier inférieur qui sert au passage des voitures et des piétons. Mais, comme les grands vents, qui soufflent dans ces parages, auraient pu soulever le tablier, des haubans, partant des parois de la roche, viennent s'attacher, en divergeant, à différents points du tablier et lui donner une rigidité considérable. Cet ouvrage n'a coûté que deux millions.

Parmi les ponts en fonte, nous ne citerons que le beau pont de Tarascon (592 mètres de longueur, sept arches de 60 mètres d'ouverture), et le viaduc de Newcastle (408 mètres de longueur, six travées de 59 mètres). Tous les ouvrages en fonte, dès qu'ils atteignent une portée de 8 à 10 mètres, sont en arc ; les défauts inhérents à la fabrication de la fonte, ne permettent pas son emploi en grandes poutres droites.

On vient d'entreprendre en Écosse les fondations d'un pont de 9 kilomètres de longueur sur le Forth, ce pont a une hauteur maxima de 30 mètres et sa construction, qui doit durer cinq ou six ans, entraînera une dépense d'une trentaine de millions.

Tels sont les plus remarquables des grands ouvrages dont les chemins de fer ont nécessité l'exécution. Ils occupent, dans la construction des vois ferrées, une place si importante et ils excitent à un si haut point l'admiration, que nous n'avons pas cru devoir négliger de faire connaître au moins leurs noms et leurs principales dimensions.

C. — Superstructure. — Stations et maisons de garde. — La voie : Les ornières des mines de Newcastle. Ornières creuses et saillantes. Roues plates
et à rebords. — Rails méplats, à champignon simple, à double champignon,
Vignole, Brunel, Barlow, Hartwitch ; rails en acier. — Traverses en bois et
métalliques. — Coussinets, coins, éclisses, boulons, crampons, chevillettes, etc.

La plate-forme du chemin est dressée, l'*infrastruc-
ture* est maintenant terminée. Les stations et les
maisons de garde s'élèvent, depuis l'humble halte,
qui n'a parfois qu'une femme pour tout personnel,
jusqu'à la grande gare avec ses centaines d'agents. Les
rails et les traverses sont en dépôt aux extrémités de
la ligne et sur divers points de son parcours. La pose
commence, les wagons, les locomotives la suivent ; le
ballast, cette matière perméable et élastique qui doit
former son lit, est apporté, et la commission adminis-
trative peut procéder à la réception du chemin.

Avant de parler des machines et des wagons, du
matériel locomoteur, en un mot, — arrêtons-nous au
matériel fixe, à *ces humbles barres de fer couchées sur
la poudre des chemins*, comme on les a nommées.

C'est à la fin du dix-huitième siècle que l'on fait
remonter l'emploi des premières *ornières* saillantes
en bois, et c'est dans le voisinage des mines de
Newcastle que ces rails furent employés pour la première fois. Les wagonnets, ou *chaldrons*, pleins de
houille, allaient sur les voies artificielles de l'orifice
du puits aux bords de la Tyne, où ils déchargeaient
leur contenu dans les bateaux. Mais ces bois s'usaient,
se fendillaient et exigeaient un remplacement fréquent

et coûteux. L'action alternative du soleil et de la pluie hâtait leur fin. C'est alors qu'on eut l'idée de les recouvrir, pour en prolonger la durée, de bandes de fer dans les parties les plus sujettes aux détériorations. Cette amélioration partielle de la voie de transport devint bientôt générale : le bois, enfin, fut écarté comme rail et remplacé par la fonte. Cette application est due à l'ingénieur William Reynolds et date de cent ans environ. Elle remonte à l'année 1768, selon les uns, à l'année 1780, selon les autres. Mais les rails n'avaient pas la forme qu'ils ont aujourd'hui ; ils étaient plats, avec un rebord saillant intérieur, la roue était semblable à celle des voitures ordinaires. Vers 1789, Jessop transforma la jante des roues et leur donna le rebord qu'on voit aujourd'hui aux roues des wagons ; les rails se réduisirent alors à de simples barres de fer fixées sur des traverses en bois.

Pour utiliser toute la résistance du fer, ces barres ou mieux ces lames de fer étaient placées sur leur tranche ou *de champ*, comme disent les ouvriers, et maintenues dans cette position par le serrage d'un coin en bois dans l'entaille d'une traverse. La voie était donc bien simple : rails, traverses et coins, c'était tout. Les petites voies de terrassement ne sont pas autres encore aujourd'hui. Les rails en fer s'obtenaient par le laminage ; c'était la méthode appliquée depuis plus de deux siècles à la fabrication des monnaies, à Paris, et que l'Angleterre pratiquait depuis l'année 1663.

Les améliorations de la voie actuelle de nos chemins

de fer résultent principalement des perfectionnements
qui ont été apportés à la confection de ses parties
essentielles. On reconnut bientôt que les rails méplats,
sous les fortes charges, creusaient des sillons dans
la jante des roues et les mettaient promptement hors
de service, qu'au passage des courbes et sous l'action
de la force centrifuge ils se déjetaient en dehors de

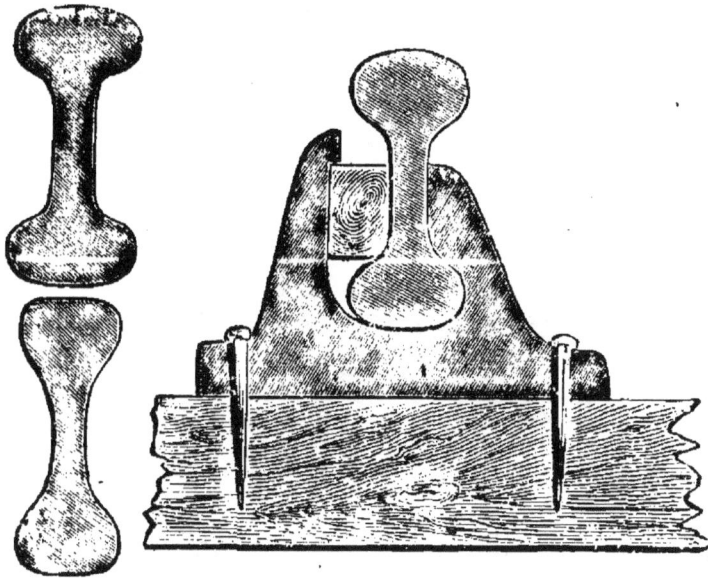

Fig. 29. — Rail à double champignon.

la courbe et faisaient ventre entre leurs supports. De
là, la nécessité d'abandonner la forme méplate, pour
donner aux rails une saillie latérale, capable à la fois
d'empêcher ces déformations et de fournir une surface de roulement bombée et non plus tranchante. Le
champignon du rail était inventé. Le désir d'utiliser le
rail après l'usure de son champignon supérieur, donna
l'idée de lui ajouter un champignon inférieur, symé-

trique du premier, permettant son retournement dans
ses supports et donnant un nouveau service.

Notre rail actuel, à double champignon, n'est autre
que celui que nous venons de décrire. C'est le propre
des grandes inventions d'atteindre dès le début le
degré de perfectionnement qu'elles ne doivent guère
dépasser. Tantôt l'*âme* du rail est plus haute et plus

Fig. 30. — Rail Vignoles.

étroite, le champignon plus ou moins bombé, plus ou
moins large ; mais ces variations se chiffrent par millimètres ou par fractions de millimètre. La forme
et les dimensions générales varient peu. Il en est de
même du *coussinet* ou *chair*, de cette main de fonte
dans laquelle on serre le rail à l'aide d'un coin en bois,
et de ce coin lui-même.

La traverse est une bille de bois, de forme quadran-
gulaire, triangulaire ou semi-circulaire, dont la nature
varie suivant les pays. En France et en Belgique, en
Allemagne, en Angleterre, on emploie le chêne, le

hêtre, le sapin et le pin préparé. En Suisse, on emploie le mélèze; en Amérique, on a employé le gaïac.

Les coins sont en chêne et ne présentent rien de particulier.

Une autre espèce de rail est employée en Amérique, en Allemagne, et sur quelques-unes de nos lignes françaises. C'est le rail *à patin*, américain, ou Vignoles, du nom de l'ingénieur anglais qui, le premier, l'a employé en Angleterre. Il ne diffère du rail à double

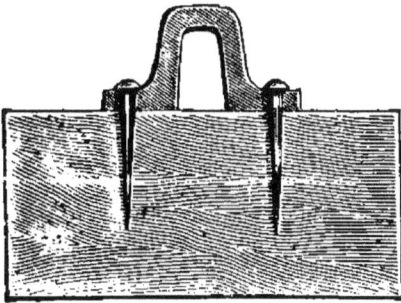

Fig. 31. — Rail Brunel.   Fig. 32. — Rail Barlow.

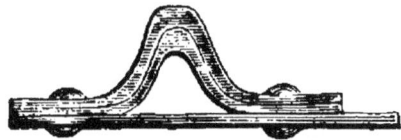

champignon qu'en ce que le champignon inférieur a été remplacé par un patin qui lui sert d'appui sur la traverse, à laquelle il est relié par des crampons en fer. Ce rail ne peut donc pas être retourné comme le premier, mais l'avantage dont il est privé est diversement apprécié par les ingénieurs et contesté par certains d'entre eux.

Nous indiquerons encore deux sortes de rails, dont l'usage tend de plus en plus à disparaître et que les Compagnies utilisent seulement aujourd'hui pour l'établissement de leurs voies de garage; ce sont : le rail Brunel (bridge-rail), qui a la forme d'un U renversé, se posant sur longrines, et le rail Barlow, dant la section est celle d'un V renversé, s'appuyant directement sur le ballast.

L'Exposition universelle de 1867 a fait connaître une nouvelle espèce de rail employée en Allemagne, et qui présenterait des avantages notables sur les précédents, c'est le rail Hartwich, essayé sur les chemins de fer de Coblentz à Oberlahustein et de Enskirchen à Mechernich. Ce rail n'est autre que le rail Vignoles dont l'âme a augmenté de hauteur, et dont le patin s'est élargi. Il se pose directement dans le ballast sans aucun intermédiaire. Mais il pèse 60 kilogr. environ le mètre courant : il coûte par conséquent fort cher. Et, comme le temps seul permet de porter un jugement sur les mérites de ce rail, on doit, avant d'abandonner les systèmes déjà essayés, attendre, pour l'adopter, que l'expérience ait fait connaître sa véritable valeur.

Les charges imposées aux véhicules des chemins de fer, wagons et machines, ont tellement augmenté depuis leur origine, que, pour ne pas voir les rails s'écraser et se déformer promptement, on a dû en augmenter aussi la résistance en en forçant les dimensions et par conséquent le poids. Les premiers rails employés au chemin de Saint-Étienne à Lyon, pesaient 15 kilogr. le mètre courant. Bientôt ce poids dut être porté à 25 kilogr., et aujourd'hui, sur nos grandes lignes, il est de 30 à 38 kilogr. Ce poids s'élève même parfois à 46 kilogr. Encore les rails ne durent-ils guère qu'une quinzaine d'années ! On comprend que ce chiffre varie

dans d'assez grandes limites, suivant la qualité des
rails, leur position en plaine, en rampe ou en courbe,
et la circulation qui s'opère à leur surface. Au bout
de ce temps, ils ont perdu environ 100 francs par tonne
de leur valeur, repassent à la forge, où ils sont employés à fabriquer des rails neufs, qui rentrent dans
les parcs de la voie et bientôt après sont utilisés sur de
nouvelles lignes.

Malgré l'économie qui résulte de ce réemploi des
vieux rails, l'opération de la réfection des voies ne
laisse pas que d'être très-coûteuse : aussi a-t-on cherché
à employer des rails capables de résister plus longtemps aux causes de destruction rapide auxquelles ils
sont soumis dans certains cas. On a associé le fer à
l'acier, celui-ci occupant la surface des tables de roulement, qui s'altèrent par le frottement, mais on a été
peu satisfait du résultat obtenu, le fer et l'acier ne se
soudant que difficilement. On en est venu à fabriquer
des rails exclusivement en acier fondu Bessemer. Plu-

---

¹ Le nombre de tonnes de rails en fer et en acier achetées par les chemins de fer français aux usines françaises, pendant le cours des années
1876 et 1877, est le suivant :

	RAILS en fer.	RAILS en acier.	TOTAL.
Année 1876. . .	57.956	130.681	188.617
— 1877.	48.889	137.149	186.038
Par rapport (Augmentation	»	6.468	»
à 1876 ⟨ Diminution	9.047	»	2.579

sieurs Compagnies en ont fait déjà des commandes importantes pour les parties les plus fatiguées de leur
réseau. Aujourd'hui, cet usage se généralise, et le
prix de l'acier diminuant, on peut entrevoir l'époque
où toutes les grandes lignes seront exclusivement pourvues de rails d'acier.

Quant aux traverses, on cherche de plus en plus à
substituer la tôle au bois. La durée et la résistance du
fer, qualités si précieuses pour des travaux dont l'existence doit être indéfinie, justifient ces recherches; mais
des difficultés sérieuses, telles que le mode de fixation
du rail sur la traverse, le bourrage facile de celle-ci,
retardent la solution du problème. On ne peut, d'ailleurs,
contrairement à un préjugé assez répandu, adopter
promptement toutes les innovations qui sont proposées
pour l'amélioration des voies. Les Compagnies travaillent sans cesse à perfectionner ce qui existe; leurs
essais sont constants, mais elles sont trop soucieuses
de la sécurité des voyageurs (elles savent ce que coûtent
les bras ou les jambes cassés), elles sont trop soucieuses aussi des intérêts qui leur sont confiés (l'emploi d'un rail, trop promptement adopté, a coûté à
une Compagnie 14 millions et a entraîné une perte de
8 millions), pour s'engager à la légère dans des innovations d'une valeur incertaine et que leur application
sur une grande échelle peut rendre des plus compro-
mettantes.

On se fera une idée de l'importance de ces questions
quand on saura qu'au cours de 200 francs la tonne,
la valeur des rails du réseau exploité était représentée,

en 1876, par une somme de 450 *millions de francs*
environ.

Mais revenons aux traverses métalliques. Les essais
continuent, les Compagnies font des commandes, con-
statent leurs avantages et leurs inconvénients. Elles
procèdent avec la prudence qu'exige le renouvellement,
au fur et à mesure des besoins, de 25 millions de
traverses en bois, qui, au prix variable de 3 à 6 francs,
représentent un capital de 113 millions de francs. En
comptant les traverses en tôle à 180 francs la tonne,
leur ensemble coûterait 180 millions, soit 67 millions
de plus. Quelle en serait la durée? Là est la question
L'avenir répondra.

Nous ne nous arrêterons pas aux pièces accessoires,
éclisses, selles, boulons, chevillettes, crampons, etc.,
qui servent à réunir deux rails qui se suivent, à leur
fournir un appui sur la traverse ou à les fixer à celle-ci.
Ce sont choses de détail. Nous parlerons maintenant
des véhicules des chemins de fer.

III. — LES WAGONS.

A. — Les wagons en général. — Voitures à 2, 4, 6 et 8 roues. — Construction d'un wagon : châssis, caisse.

La construction de la première voiture de chemin
de fer n'a pas été aussi simple qu'on serait tout d'abord
tenté de le croire. Il semble, en effet, *a priori*, qu'il
y a bien moins de difficulté à faire suivre aux roues
munies de boudins d'un véhicule, deux ornières saillantes ou deux ornières creuses, qu'à les faire courir

sur un chemin semé d'obstacles. Il n'en est rien.

On a reconnu, dès le début, que l'emploi des voitures à deux roues était absolument impossible.

On a essayé alors des voitures à quatre roues, en laissant aux essieux la faculté de se placer dans une direction normale aux courbes parcourues, et aux roues la mobilité sur ces essieux qu'on regardait aussi comme indispensable au parcours de chemins de différentes longueurs sur les deux files de rails. Mais la pratique, ainsi qu'il arrive parfois, a renversé ces prévisions, et l'on a bientôt reconnu que le véhicule ne pouvait être maintenu sur le rail qu'à la double condition d'avoir ses essieux toujours parallèles et solidaires du châssis du véhicule, et les roues jumelles invariablement fixées sur l'essieu qui les porte.

On a créé ainsi des résistances accessoires, mais on a assuré le maintien du véhicule sur la voie.

Du wagon à quatre roues, on est passé au wagon à six roues, l'un des essieux pouvant se déplacer d'une petite quantité dans un plan parallèle à celui de la voie, de manière à prendre, au passage d'une courbe, la direction de son rayon ; les roues restant, d'ailleurs toujours calées sur les essieux.

Enfin, on a fait des wagons à huit roues, en groupant les essieux deux par deux et composant deux trucks indépendants, reliés à la caisse du véhicule au moyen de chevilles ouvrières, comme celles qui sont à l'avant-train des voitures ordinaires.

Ces premières expériences achevées, on s'est occupé de la construction proprement dite du wagon, en faisant de chacune de ses parties appelées à répondre à des besoins nouveaux, une étude minutieuse.

Il fallait établir les attaches des wagons les uns aux autres, parer aux chocs des wagons entre eux, à la suspension du véhicule sur les roues, aux moyens de modérer la vitesse à certains moments de la marche. On composa un *châssis*, sorte de cadre en charpente, rendu indéformable par des pièces mises en croix et des ferrures convenablement disposées: on eut une carcasse s'appliquant, d'une manière à peu près générale, à tous les véhicules quelle que fût leur destination spéciale, et portant, à ses extrémités, les crochets d'attelage et les tampons de choc, les premiers reliés à la partie centrale, les seconds aux extrémités des ressorts disposés au centre du châssis; sur les côtés, les plaques de garde qui assurent le parallélisme des essieux tout en permettant les mouvements d'oscillation des boîtes à graisse sous l'action des ressorts de suspension.

A ces parties essentielles, on ajouta quelques pièces accessoires, des chaînes de sûreté et, selon la destination du wagon, des marchepieds, un frein, etc.

B. — WAGONS A MARCHANDISES, A BESTIAUX ET DIVERS. — Wagons pour le transport du ballast, du coke, du charbon, des marchandises, du lait, des bestiaux. — Transport des filets de bœuf, du gibier, du vin de Champagne, des fraises, des fromages. — Wagons à écurie, à bagages, des postes.

Sur le châssis, que nous avons décrit, se place une caisse appropriée au transport auquel le véhicule est destiné. On a des wagons pour le transport des déblais, du ballast, de la houille, du coke, du charbon

de bois, des marchandises de diverses natures, des
voitures de rouliers et des voitures ordinaires, montées
sur leurs roues, des diligences, des bestiaux de grande
et de petite taille, des chevaux, du lait, des bagages,
des pièces de charpente, et enfin des voyageurs.

Les wagons de terrassement sont d'une construction
grossière, ainsi qu'il convient à l'usage auquel ils sont
destinés. Leur caisse est placée en porte-à-faux, de

Fig. 33. — Diligence montée sur un truck.

manière à pouvoir basculer aisément et se vider d'elle-
même. Les wagons à ballast sont, d'ordinaire, des wagons plats que l'on vide à la pelle.

Pour le transport des houilles, on a employé longtemps des wagons de forme trapézoïdale se vidant par
le fond au moyen d'une trappe; on y a renoncé et on
n'emploie plus que des wagons de forme prismatique
se vidant par les portes. Le transport du coke s'effectue

souvent à l'aide de caisses posées sur le wagon et que de puissantes grues élèvent et basculent au lieu de déchargement. La quantité des houilles et cokes transportés, en 1865, par les six Compagnies françaises a été de 9,548,540 tonnes. Elle augmente tous les jours.

Le transport du charbon de bois s'opère parfois de la même manière, au moyen de caisses qui peuvent tenir, au nombre de quatre, sur un wagon. C'est la même caisse qui passe de la voiture du charbonnier en forêt sur le wagon qui la mène à l'usine. Lorsque le transport du charbon se fait dans des sacs, on dispose ceux-ci sur des plates-formes qui viennent de la meule au dépôt de la ville et qui sont transbordées successivement de la charrette sur le wagon, et de celui-ci sur la charrette.

Les voitures de rouliers se chargent sur des wagons plats appelés *maringottes*. Les chaises de poste passent avec leurs roues sur des wagons plates formes, de même que les diligences, mais les roues de celles-ci sont enlevées au départ et remises à l'arrivée. Ce transport a, d'ailleurs, beaucoup perdu de l'importance qu'il avait à l'origine des chemins de fer, alors que les voies ferrées présentaient de nombreuses discontinuités. On se rappelle les émotions qu'on éprouvait en arrivant sous la grue chargée d'enlever le lourd véhicule, et chacun de se dire : « Si l'une des chaînes cassait ! » Une fois séparée de ses essieux, la diligence était emportée latéralement par le treuil roulant auquel elle était suspendue, puis redescendue sur le wagon qui devait l'emporter. A l'arrivée, c'était une manœuvre inverse. Les chaînes ne cassaient pas, mais les craquements qu'elles faisaient entendre en s'enroulant ou en se déroulant, ne contribuaient pas peu à augmenter les craintes qu'on avait à cette époque sur les voyages en chemin de fer.

Quant aux wagons destinés au transport des marchandises, ils sont généralement de deux formes. Ce sont des wagons plats, munis de bâches en toile ou en bourre de soie et recouvertes d'un enduit dont la base est le caoutchouc ; ou bien des wagons à parois latérales, les uns couverts, les autres découverts. Ces wagons, à l'origine des chemins de fer, ne recevaient que de faibles charges, cinq tonnes seulement ; aujourd'hui, ce poids a beaucoup augmenté ; il est généralement porté au double, soit dix tonnes, et le rapport du poids mort au poids utile s'est ainsi abaissé de 0,90 à 0,47.

Le transport du lait s'effectue dans de grandes boîtes en fer-blanc de vingt litres, qui peuvent se charger au nombre de deux cents dans une caisse à claire-voie.

La ville de Paris a reçu en moyenne, chaque jour de l'année 1865, 260,621 litres de lait. On estime la consommation journalière à 320,000 litres. Les quatre cinquièmes sont donc fournis par les chemins de fer, et si leur service venait à manquer subitement, fait remarquer M. Jacqmin, Directeur de la Compagnie de l'Est, au livre duquel nous empruntons ces chiffres, 700 à 800 mille personnes seraient chaque matin privées de leur tasse de café au lait.

Les bestiaux se transportent dans des wagons qu différent peu des wagons à marchandises couverts, nous parlons des bestiaux de grande taille ; quant aux moutons, on les superpose et on les fait voyager dans des voitures à deux étages, munies de planchers étanches. Aux prix des tarifs généraux, les moutons, les brebis, les agneaux et les chèvres payent en petite vitesse 0 fr. 02 par kilomètre et par tête ; les veaux et les porcs payent le double ; les bœufs, les vaches, les taureaux, les chevaux, les mulets et les bêtes de trait payent 0 fr. 10. Les tarifs spéciaux sont pour eux des tarifs de faveur, mais le transport en grande vitesse double le prix de leur place. Lorsque ces animaux sont envoyés aux concours agricoles pour y faire admirer la rondeur de leurs formes ou leurs belles proportions, les Compagnies leur accordent encore une réduction de 50 pour 100 sur les prix des tarifs généraux. Veut-on savoir maintenant à quel chiffre énorme s'est élevé le transport des bestiaux en 1865 sur les six grands réseaux français ? A 4 145 287. Les moutons seuls entrent dans ce chiffre pour 2 131 936.

Les transports de bestiaux, amenés à Paris seulement, ont nécessité dans la même année 79 054 wagons, ce qui donne environ 1 500 000 têtes.

Quant aux *filets de bœuf* amenés par là Compagnie de l'Est, de la Suisse allemande et du grand-duché de Bade, le poids, qui n'était que de 602 615 kilogrammes en 1865, s'est élevé à 1 421 050 kilogrammes en 1866.

De même qu'on a aménagé un navire, le *Frigo-*

rifique, pour le transport en Europe des viandes à
l'état frais provenant de l'Amérique, de même on a
fabriqué des wagons spéciaux avec coffres à glace et
ventilateur actionné par le mouvement des roues, pour
permettre le transport par voies ferrées et à de
grandes distances des viandes abattues, dans une
atmosphère incessamment rafraîchie.

A l'époque de la chasse, les arrivages de gibier se
sont élevés, certains jours, jusqu'à 30 000 kilogrammes, soit : 6,000 *lièvres* et 500 *chevreuils*.

Qui aurait deviné, il y a trente ans, que les chemins
de fer donneraient lieu à des transports d'une telle
nature et d'une telle importance ?

Et puisque nous parlons du transport des choses
délicates au goût, nous dirons ce qu'il sort de vins
mousseux par le chemin de fer, de la seule Champagne : 17 940 000 bouteilles en 1866 ; ce chiffre
n'était que de 9 210 000 bouteilles en 1845, et tandis
que l'Amérique ne nous en enlevait que 4 580 000
bouteilles en 1845, elle en a pris 10 415 000 en 1866.
Je laisse à penser si le tout est du pur jus de la vigne !

La bière arrive d'Alsace et des pays d'Outre-Rhin
dans des wagons spéciaux, à double enveloppe, garantie de la chaleur extérieure par une couche de glace
interposée. Il existe aussi, pour le transport des vins
en provenance des régions du Midi, des wagons-
citernes : la forme extérieure est celle d'un wagon
ordinaire ; l'intérieur renferme un ou plusieurs grands
réservoirs de métal avec pompe, tuyaux, etc., destinés
à opérer le remplissage dans les pays vignobles et

le transvasement dans les lieux de consommation.

Le transport des fromages de Brie, venant de Meaux seulement, chaque samedi, exige douze ou quinze wagons; parfois trente wagons ont été nécessaires.

Les chevaux se transportent dans des wagons spéciaux, appelés *wagons-écuries*, qui ne diffèrent des wagons à bestiaux, employés souvent à cet usage, que par une division de la caisse en stalles isolant ces animaux les uns des autres. Les portes sont placées sur les parois extrêmes, l'une s'abat pour servir de pont, l'autre se relève en forme de toit; les cloisons étant mobiles sur charnières, les portes livrent toutes deux accès aux chevaux dans toute la longueur du wagon. Un compartiment spécial est réservé au palefrenier qui les accompagne.

Les wagons à bagages sont de grands wagons fermés, à portes roulantes, ayant, d'ordinaire, une guérite de vigie pour le conducteur du train, quelques petites armoires ou casiers pour le rangement des petits colis, pour les valeurs, pour la boîte de secours et deux ou trois niches à chiens. La Compagnie du Midi a fait construire des fourgons à bagages destinés au service des trains express et qui contiennent des water-closets, avec deux petits compartiments d'attente, dans lesquels un voyageur peut se tenir durant le trajet entre deux stations.

Le service des postes, depuis l'ouverture de nos grandes voies ferrées, a lieu dans les wagons mêmes qui servent au transport des dépêches. Toutes les opérations de classement, de triage, qui se faisaient au-

Fig. 34. — Wagon-Salon américain (Palace-car, drawing-room coach).

trefois avant le départ du courrier, se font maintenant
durant le trajet. Les postes ont, dans ce but, de grands
wagons, appelés bureaux ambulants, garnis de ta-
blettes et de casiers, chauffés et éclairés comme le
seraient des bureaux ordinaires.

Ces voitures, en Angleterre, présentent latéralement
des filets destinés à prendre les dépêches et à les
laisser au passage des stations. Lorsque le transport
des dépêches exige plusieurs wagons, des ponts volants s'abaissent sur les tampons, abrités par des
espèces de cages à soufflet, en cuir, qui s'appliquent
exactement contre les parois des baies de communication. En Prusse, on a aussi un filet pour les dépêches
à prendre en marche; mais pour celles qu'on doit
laisser, on se contente de les jeter sur le trottoir. En
France, nous n'avons rien ni pour prendre les dépêches,
ni pour les laisser !

C. — WAGONS A VOYAGEURS. — Matériel français, anglais, allemand, américain. — Voitures spéciales des chemins du Grand-Tronc, du Mont-Cenis
de Sceaux. — Valeur du matériel roulant. — Nombre de véhicules sur
tous les chemins du globe.

Nous arrivons enfin à la description des voitures à
voyageurs, mais les détails de leur agencement sont
tellement connus aujourd'hui que nous nous bornerons à appeler l'attention sur les innovations récentes
introduites dans leur construction.

On apprécie les progrès déjà réalisés quand on se
rappelle les anciennes voitures de troisième classe,
ouvertes à l'origine et sans toiture, des chemins de

Rouen, d'Orléans et d'Alsace. Plus tard, ces voitures ont été couvertes ; elles n'avaient pour parois que de légers filets en ficelle livrant passage au soleil, durant l'été, au vent et à la pluie, durant l'hiver. Les voitures de troisième classe, sans être aujourd'hui tout ce que l'on peut désirer, sont néanmoins complétement exemptes des défauts de leur origine et, ce qui prouve qu'elles ne sont pas si désagréables qu'on le dit bien souvent, c'est qu'elles sont fréquentées, pour tous les petits parcours, par une foule de personnes qui préfèrent une économie à un plus grand confortable.

En France, le matériel le plus répandu se compose de voitures de première, de seconde et de troisième classe, montées sur quatre roues (le nombre des voitures à six roues est très-limité), de voitures mixtes contenant des compartiments de différentes classes et qui servent spécialement au transport sur les petites lignes. Toutes ces voitures n'ont qu'un étage et contiennent de 24 à 50 voyageurs.

Les lignes de banlieue, établies dans le voisinage des grandes villes, qui ne servent qu'à de petits parcours, ont des voitures à impériale couverte. On accède à ces impériales au moyen d'escaliers placés aux extrémités du véhicule. La voiture contient alors 72 places. La Compagnie de l'Est avait exposé, en 1867, une voiture à deux étages, de 78 places (système Vidard et Bournique), dont l'impériale était fermée et réservée aux voyageurs de troisième classe. Au rez-de-chaussée de la voiture se trouvaient les compartiments de première, de deuxième classe et un compartiment de troi-

Fig. 35. — Intérieur d'un wagon américain dit Pulman's-car, se transformant la nuit en dortoir.

sième classe pour les personnes peu valides. Ces voitures sont aujourd'hui nombreuses sur son réseau. Ainsi qu'on le voit, les recherches des ingénieurs, chargés de la carrosserie dans les Compagnies de chemins de fer, tendent toujours à diminuer le rapport du poids mort au poids utile; ces recherches aboutissent, mais ce n'est pas évidemment sans porter plus ou moins atteinte au confortable que les voyageurs de toutes classes réclament avec tant d'insistance.

On construit en Angleterre, et on commence à construire en France, des wagons qui contiennent des compartiments des trois classes et, en outre, un compartiment pour les bagages. Ces wagons sont destinés à faire le service des lignes d'embranchement : ils permettent de faire passer voyageurs et bagages, sans transbordement, de ces lignes sur les lignes principales et *vice versâ*, de simplifier les manœuvres et de réduire la durée des arrêts aux points de raccordement.

Les personnes qui ont voyagé en Angleterre et en France s'accordent généralement à reconnaître la supériorité de notre matériel sur celui de nos voisins. Si les voitures de première classe se valent, celles de deuxième et de troisième classe sont assurément moins bonnes que leurs similaires françaises. Les sièges laissent à désirer, les dossiers manquent dans les secondes classes, les rideaux sont absents dans les secondes et dans les troisièmes classes. C'est le nécessaire, mais rien de plus.

Les Compagnies françaises travaillent incessamment à l'amélioration du matériel roulant de leurs lignes.

La création de trains rapides sur les grandes artères a donné lieu à la construction de voitures plus spacieuses, mieux suspendues, pourvues d'annexes (cabinets de toilette, water-closets) et de menus accessoires divers propres à en augmenter la commodité et le confortable.

Le chauffage, limité d'abord aux voitures de première classe, a été étendu aux voitures des trois classes pour les parcours d'une certaine importance.

Enfin, l'introduction des wagons-lits, sleeping-cars, dans la composition des trains de nuit circulant sur quelques-unes de nos grandes lignes et la faculté accordée aux voyageurs dans certains cas, de rester couchés dans le wagon en attendant l'heure à laquelle ils pourront vaquer à leurs affaires sont des améliorations de nature à rendre les voyages chaque jour plus faciles et plus nombreux.

On trouve en Allemagne des voitures à quatre, six et huit roues. Les voitures à huit roues se rapprochent par leur construction des voitures américaines ; les autres ressemblent à nos voitures françaises. Les grandes voitures à huit roues tendent, d'ailleurs, à disparaître et le matériel à s'uniformiser. Ces longs véhicules avec portières extrêmes, couloir central, banquettes transversales ne sont plus en usage que dans le Wurtemberg, et les voitures parties du centre de l'Autriche ou de l'Allemagne peuvent arriver et arrivent chaque jour dans la gare de l'Est. Mieux que les montages, les barrières qui séparent les peuples s'abaissent, et les chemins de fer, en nivelant le sol, effacent ou tendent

Fig. 56. — Sleeping-cars. 1ᵉʳ compartiment : lits montés pour la nuit ; 2ᵉ compartiment : installation de j[...]

à effacer les jalousies et les vieilles rancunes, et à faire naître entre eux de bons rapports et des amitiés durables[1].

En Amérique, ce pays de la liberté, sinon de l'égalité, il n'y a qu'une seule classe de voitures, mais les gens de couleur sont placés dans les wagons à bagages! Les véhicules, portés sur deux trucks de quatre roues chacun, ont jusqu'à 18 mètres de longueur. Un couloir règne au centre, les banquettes, recouvertes en crin noir, sont disposées transversalement, et les voyageurs peuvent passer d'une voiture à l'autre et se promener dans toute la longueur du train. Ces wa-

Fig. 57. — Wagon américain.

[1] Ces lignes étaient écrites avant la guerre désastreuse que nous venons de soutenir contre l'Allemagne. Rien ne faisait pressentir à ce moment les événements qui se sont accomplis.

gons peuvent contenir jusqu'à quatre-vingts personnes. Autre pays! autres mœurs!

Le plus remarquable modèle que les Américains
nous aient donné de leurs voitures est celui qui figu-
rait à l'Exposition dernière et qui était destiné au
chemin du Grand-Tronc. On a réuni dans cette voiture, comme dans ces superbes paquebots qui font le
service des deux continents, tout ce qui est nécessaire
à la vie. Le chemin qui va de New-York à San-
Francisco et traverse l'Amérique septentrionale dans
toute sa largeur, n'a pas moins de 5000 kilomètres
de longueur, au milieu de pays déserts et parfois
habités par des peuplades sauvages; le trajet dure
sept jours. Les voyageurs qui font ce long parcours
ont besoin d'être logés, chauffés, éclairés, nourris.
Ils le sont presque aussi convenablement que dans
nos meilleurs hôtels.

Avec les moyens de locomotion en usage aujour-
d'hui, on peut faire le tour du monde en quatre-vingts
jours. C'est le temps qu'autrefois un grand seigneur
aurait mis à faire le voyage de Paris à Saint-Pétersbourg.

Voici quelques nouvelles indications sur ce voyage
dont nous avons déjà parlé précédemment :

De Paris à New-York.	11 jours.
De New-York à San-Francisco (chemin de fer). . . . . , . . .	7 —
De San-Francisco à Yokohama (bateau à vapeur)	21 —
De Yokohama à Hong-Kong (bateau à vapeur)	6 —

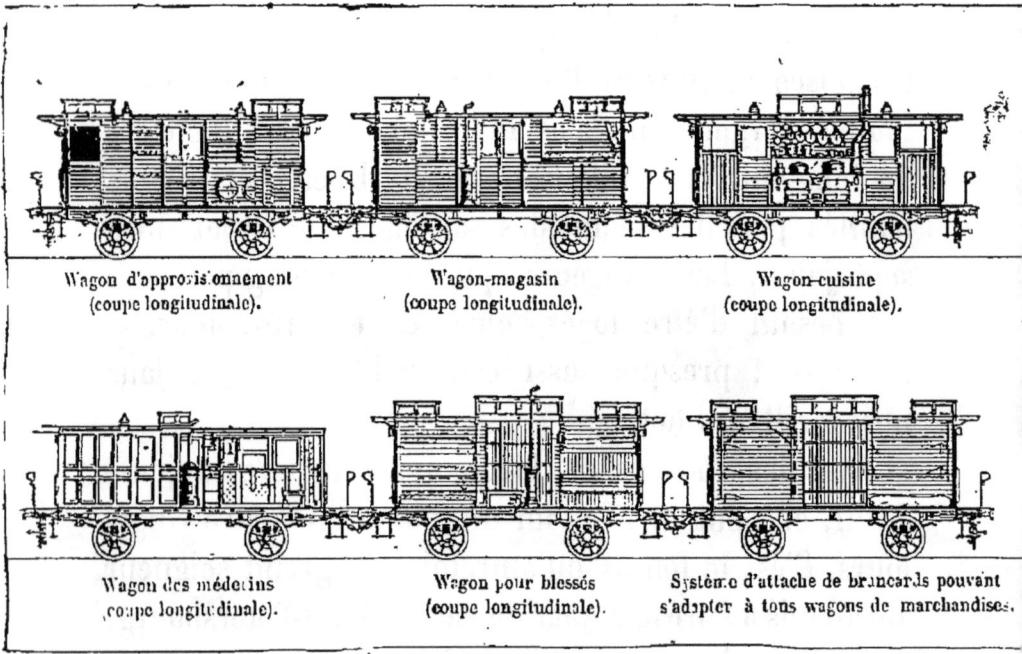

Wagon d'approvisionnement
(coupe longitudinale).

Wagon-magasin
(coupe longitudinale).

Wagon-cuisine
(coupe longitudinale).

Wagon des médecins
(coupe longitudinale).

Wagon pour blessés
(coupe longitudinale).

Système d'attache de brancards pouvant
s'adapter à tous wagons de marchandises.

Fig. 38. — Train d'ambulance.

De Hong-Kong à Calcutta (bateau à vapeur). 12 —

De Calcutta à Bombay (chemin de fer). . . 5 —

De Bombay au Caire (bateau à vapeur et chemin de fer) . . . . 14 —

Du Caire à Paris (bateau à vapeur et chemin de fer). . . . . 6 —

TOTAL. . . . . 80 jours.

Sur cet immense parcours il n'y a que 140 milles anglais, entre Alahabad et Bombay, que l'on soit obligé de parcourir sans le secours de la vapeur; mais cette lacune sera bientôt comblée, car on travaille à l'établissement d'un chemin de fer.

Nous avons parlé de la voiture de nos grandes lignes, de la voiture Vidard à deux étages pour les chemins départementaux, de la voiture américaine pour les longs trajets dans des pays sans ressources, faisons connaître maintenant la voiture du chemin de fer de montagne. MM. Chevalier, Cheylus ont construit pour le chemin de fer Fell du Mont-Cenis une voiture qui présente les dispositions de nos omnibus : un couloir central de chaque côté duquel peuvent se ranger six personnes. Ces voitures communiquent entre elles au moyen de ponts jetés sur les tampons, d'où les voyageurs peuvent aller contempler les forêts de sapins et les âpres beautés du paysage. Ces voitures sont surtout remarquables par les freins spéciaux qui leur sont appliqués. Ce sont des espèces de mâchoires qui étreignent le rail central et viennent en aide aux freins ordinaires à sabots dont ces véhicules sont également pourvus.

L'aménagement du train d'ambulance de la Société

de secours aux blessés montre les heureuses dispositions que permet de réaliser le matériel des grandes
voies ferrées.

Depuis de longues années, un petit chemin des environs de Paris, construit dans des conditions exceptionnelles, fait son exploitation avec un matériel d'une
construction particulière. C'est le chemin de Sceaux,
dont le tracé présente une série de courbes de très-
petits rayons ; le matériel employé a été inventé par
M. Arnoux, et perfectionné par son fils, auquel il a

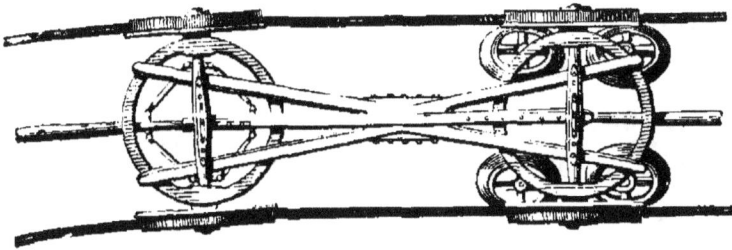

Fig. 59. — Système de wagons articulés de M. Arnoux.

valu le grand prix de mécanique, décerné par l'Académie. Les dispositions spéciales du wagon Arnoux
consistent dans le montage des essieux sur chevilles
ouvrières et dans la mobilité laissée aux roues sur ces
essieux. L'essieu de la première voiture est assujetti à
un système de quatre gros galets inclinés sur les rails,
qui servent à donner à cet essieu une direction normale à la courbe et à annihiler le frottement qui se
produit, en pareil cas, avec les wagons ordinaires. La
même direction est donnée aux essieux des voitures
suivantes au moyen de chaînes croisées dans le système de M. Arnoux père, et à l'aide de tringles rigides

ou bielles dans le système perfectionné de M. Arnoux fils. C'est une très-remarquable invention, mais que sa complication rend d'un usage incommode et qui ne paraît pas devoir se répandre.

Ainsi donc, selon le pays, selon les produits à transporter, selon le tracé de la ligne, le véhicule de chemin de fer varie. On se fait une idée des études qu'a exigées la construction de ce matériel dans des conditions si variées. Il faut avoir suivi les travaux des bureaux techniques de nos chemins de fer pour savoir avec quel soin chaque menu détail est étudié, est calculé, est représenté : le moindre boulon, la plus petite ferrure sont refaits bien des fois avant d'être définitivement adoptés. Il n'y a, en effet, dans tous ces travaux, aucun détail insignifiant, tant l'application est étendue, tant le but à atteindre est élevé.

Donnons quelques chiffres.

On évalue, en France, à 25 000 francs, en moyenne, la dépense kilométrique de premier établissement afférente au matériel roulant des chemins de fer. Pour les 21 596 kilomètres exploités en 1876, c'est une dépense de 540 millions.

Et, si l'on prend seulement 20 000 francs comme moyenne pour tous les chemins du globe, la dépense ressort à 5 milliards 900 millions pour les 295 000 kilomètres environ, aujourd'hui exploités.

A quel nombre de véhicules correspond cette énorme dépense? Le calcul en est facile. On compte, en France, par kilomètre de chemin exploité, un nombre moyen de voitures représenté par 0,75 (soit 3 voitures pour 4 kilomètres), et un nombre moyen de fourgons et wagons représenté par 7,25 (soit 29 par 4 kilomètres); ces chiffres étant pris comme bases, on trouve pour les 295 000 kilomètres de voies ferrées du globe :

Voitures. . . . . . . 221,000 } soit 2,360,000 véhicules.
Fourgons et wagons. . 2,139,000 }

IV. — LA TRACTION. — LES MOTEURS ANIMÉS ET INANIMÉS. LA VAPEUR.

Nous arrivons à la partie la plus intéressante de l'histoire des chemins de fer, à celle où les découvertes se pressent, fécondes en résultats inattendus et merveilleux. De grands travaux ont été exécutés, des ouvrages gigantesques ont été élevés pour supporter cette voie de fer, peu différente aujourd'hui, après ses quarante ans d'existence, de ce qu'elle était à son origine, pour donner passage à ces véhicules de formes diverses.

La découverte de la machine à vapeur et son application à la locomotion ouvrent une ère nouvelle aux chemins de fer. L'avenir se révèle, et c'est avec un véritable respect que nous écrivons les noms de Cugnot, de Stephenson, de Séguin, les inventeurs de la locomotive.

A. — Moteurs animés et inanimés. — Le cheval et les chemins de fer dans les villes et dans les mines. — La pesanteur et les plans automoteurs. — L'eau, la machine à vapeur fixe et les plans inclinés. — L'air et le système atmosphérique. — Papin, Medhurst, Vallance.

Qu'étaient les chemins de fer avant l'invention de la locomotive? Ce qu'on les voit aujourd'hui encore sur presque tous les points où un autre mode de traction a été adopté ou conservé : des instruments imparfaits, coûteux, et par-dessus tout lents et d'un usage incommode.

Au lieu d'une locomotive aux entrailles de fer, à la respiration active et pressée, on n'a, comme moteur, qu'un coursier dont les poumons sont fragiles, et qui, malgré ses jambes aux sabots ferrés, se fatigue et s'use vite, rendant des services assurément, mais incomparablement moindres que ceux de la locomotive, s'attelant aux wagons des mines, aux wagons à voyageurs dans certains cas particuliers, mais toujours restreints.

Dans l'intérieur des villes d'Amérique, les stations sont placées le plus près possible du centre des affaires. Les wagons en partent tirés par des chevaux pour aller, dans une partie moins populeuse de la cité, former des trains qui sont alors remorqués par des locomotives.

A New-York, le chemin de Hudson-River et le New-York and Alem-Bahn ont leur station de voyageurs dans le voisinage de la Maison de Ville, tandis que le point de départ des locomotives a lieu à 4 ki-

lomètres de là. A Philadelphie, au contraire, les locomotives pénètrent jusqu'au centre de la ville.

Tandis qu'à New-York on comptait, en 1858, 42 kilomètres de chemin à double voie, il y en avait 96 en
exploitation à Philadelphie. Boston, qui n'a que
200000 habitants, avait 40 kilomètres, et sur une
portion de ces chemins de 27 kilomètres seulement, la
circulation, cette même année, était de huit millions
de voyageurs.

Il faut dire que le tracé des rues dans les villes, en
Amérique, permet ce large développement des voies
ferrées, qui serait à peu près impossible dans les villes
françaises, en dépit des grandes voies rectilignes ouvertes par nos municipalités modernes. Notre esprit
national, à l'encontre de celui des Américains, se prête
peu à l'introduction des chemins de fer au centre des
villes, et ce n'est pas sans lutter que les Compagnies
obtiennent l'établissement de voies ferrées sur les
quais de nos principaux ports et leur exploitation au
moyen de locomotives. Là encore, le cheval prévaut
et le temps seul peut amener à dissiper les craintes des
populations trop promptes à s'effrayer.

L'homme s'est appliqué à tirer parti de toutes les
forces qui s'offrent naturellement à lui avant d'en
chercher de nouvelles. Avant d'imaginer la locomotive, il avait inventé les plans automoteurs, ces voies
inclinées le long desquelles un train de wagons pleins
fait, à l'aide d'un câble et d'une poulie, et par la seule
action de la pesanteur, remonter un train de wagons
vides.

Le système des plans automoteurs est très en usage
dans les mines, où il fournit un moyen économique
d'opérer les transports. Dans certains cas, le poids de
l'eau est employé comme moteur. On en remplit, au
sommet du plan incliné, des chariots en tôle dont le
poids fait remonter des wagons chargés de charbon et
de minerai.

Robert Stephenson pensait même que ce système
pourrait être appliqué au service des plans automoteurs dans les régions montagneuses de la Suisse ; mais
le système funiculaire ne laisse pas que de présenter
toujours de graves inconvénients, et, à notre connais-
sance, il n'a pas été appliqué dans ces conditions au
transport des voyageurs.

Les chevaux, la pesanteur, agissant sur le corps
transporté utilement, ou sur l'eau, tels ont été les seuls
moteurs appliqués aux voies ferrées avant l'invention
de la machine à vapeur. On conçoit que les inventeurs
n'aient pas eu recours à l'action du vent, qui est trop
irrégulière et trop variable pour pouvoir être toujours
employée utilement.

C'est après l'application de la machine à vapeur à
l'élévation des eaux, à l'épuisement des mines, et vers
l'année 1786, aux différents usages de l'industrie,
que l'on a pensé à l'employer au remorquage des wagons. Les bennes remontaient dans les puits d'extraction : il ne paraissait pas plus difficile de remonter
des wagons sur un plan incliné.

On a fait plusieurs applications remarquables de ce
mode de traction ; les principales sont les suivantes :

Le chemin de Bude ; longueur : 80 mètres ; hauteur à racheter : 50 mètres ; rampe : $0^m,62$ par mètre.

Le chemin du Leopoldsberg ; longueur : 725 mètres ; hauteur 343 mètres ; rampe : $0^m,34$ par mètre ; trajet effectué en 5 minutes ; vitesse 145 mètres par minute ; 3000 personnes transportées par jour.

Le chemin de Pittsburg ; longueur : 192 mètres ; hauteur : 111 mètres ; rampe : $0^m,58$ par mètre ; trajet effectué en 1 minute 1/2 ; vitesse 128 mètres par minute. Ce chemin est, sur presque toute sa longueur, un pont en fer supporté par des piles en fer.

Le chemin de la Croix Rousse à Lyon ; longueur : 489 mètres ; hauteur : 70 mètres ; rampe : $0^m,16$ par mètre ; trajet effectué en 3 minutes ; vitesse 143 mètres par minute ; 30 000 personnes transportées par jour.

Les plans inclinés de Liége, longeur : 1980 mètres chacun ; hauteur : 55 mètres, rampes variables de $0^m,14$ á $0^m,30$ par mètre.

Dans les exploitations des environs de Newcastle, de Sunderland, de Manchester, etc., dans les comtés de Northumberland et de Durham et dans le Lancashire, on trouve de même de nombreuses applications du système funiculaire.

Une ou plusieurs machines à vapeur mettent en mouvement de grands tambours, ou cylindres horizontaux, sur lesquels s'enroule un câble en chanvre, en fer ou en acier, rond ou plat, dont les extrémités sont réunies ou laissées libres. A ce câble on attache le wagon de tête d'un train et les autres wagons sui-

vent. Des freins puissants sont appliqués aux tambours
et aux wagons eux-mêmes pour modérer la vitesse
qu'ils tendent à prendre au moment de la descente
du train, sous l'action de la pesanteur. Ces derniers
sont, d'ordinaire, construits de telle sorte qu'ils peuvent agir automatiquement en cas de rupture du câble, étreindre, comme des mâchoires, les rails de la
voie ou transformer instantanément le wagon en un
traîneau en rendant immobiles les roues qui le portent.

MM. Riggenbach et Tschokke ont proposé de faire
agir le câble moteur sur une poulie fixée à chaque
véhicule et actionnant par l'intermédiaire d'un engrenage une roue dentée portant sur une crémaillère
placée au milieu de la voie; mais ce système n'a pas
encore reçu d'application.

Un autre mode de traction a été encore imaginé
pour le remorquage des véhicules avant l'invention de
la locomotive. C'est le système atmosphérique. Chacun
sait que l'atmosphère exerce sur les objets qui y sont
plongés une pression dont le baromètre donne la
mesure; chacun sait que si l'on vient à extraire, au
moyen d'une pompe, l'air contenu dans un tuyau en
dessous d'un piston mobile, ce piston se déplacera
sous la pression de l'air agissant sur l'autre face et
entraînera avec lui une charge plus ou moins considérable, selon le diamètre plus ou moins grand du piston et le vide plus ou moins complet qui aura été fait
dans le tuyau. L'existence de l'atmosphère constitue

donc une force. Et, l'aurait-on soupçonné? l'idée d'utiliser cette force revient précisément à l'homme qui
montra le parti qu'on pouvait tirer de la production
et de la condensation de la vapeur d'eau, à Papin.
Les savants de la fin du dix-septième siècle s'étaient
vivement préoccupés des moyens d'utiliser la pression
de l'atmosphère, les uns pour en faire un moteur mécanique d'une application générale à l'industrie, les
autres uniquement pour répondre au désir du grand
roi, qui voulait doter ses jardins de Versailles de nouveaux charmes, en y amenant les eaux de la Seine.

Papin essaya du vide obtenu au moyen de pompes
pneumatiques et expérimenta sa machine, en 1687,
devant la Société royale de Londres; plus tard, il se
servit de la poudre à canon dans le même but (mais
cependant après l'abbé d'Hautefeuille); en 1690, enfin, il publia dans les *Actes de Leipsick* la description
de son cylindre à vapeur, où il obtenait encore le vide
(vide relatif) au moyen de la production et de la condensation successives de la vapeur, découverte qui à
elle seule immortalisera son nom. Les expériences de
Papin sur le vide, faites à l'aide de pompes aspi-
rantes, ne réussirent qu'imparfaitement, et l'idée resta
dans l'oubli jusqu'en 1810, époque à laquelle parurent
les premières locomotives.

Un ingénieur danois, Medhurst, proposa d'appliquer la pression atmosphérique au transport des marchandises, des lettres et des journaux à l'intérieur
d'un tube. (Disons, en passant, que c'est au moyen de
la pression de l'air, comprimé dans un tuyau, que

s'opère à Londres et à Paris, — entre certaines stations, — le transport des dépêches.) L'idée de Medhurst
fut reprise, en 1824, par Vallance, qui proposa de
substituer les voyageurs aux marchandises et qui fit
l'essai de son système sur la route de Brighton. Se
confier, vivant, à une machine pénétrant dans un souterrain, où l'air manquait, où la lumière pouvait

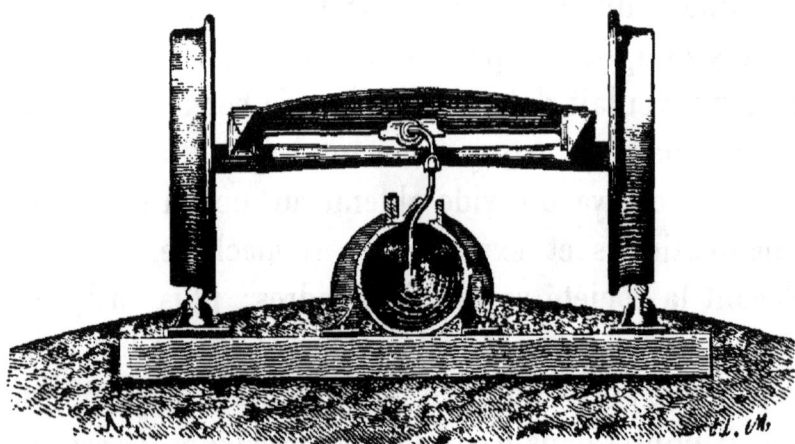

Fig. 40. — Coupe transversale du tube atmosphérique.

manquer, n'était pas du goût du public du temps. La
tentative de Vallance demeura sans succès.

Trois ans après, Medhurst proposa de substituer au
grand tube de Vallance un tube de plus petit diamètre,
couché entre les rails ; le tube contenant le piston locomoteur et les rails portant les wagons à voyageurs. Une
fente longitudinale ménagée sur le tube devait servir au
passage d'une tige reliant les wagons au piston. La
difficulté était de trouver une soupape pouvant fermer
hermétiquement cette fente et se soulever aisément
au passage du train. Après des essais nombreux et

infructueux, on expérimenta, en 1838, la soupape de
MM. Clegg et Samuda, qui donna de bons résultats.
En 1843, on fit une épreuve en grand sur le chemin
de Kingstown à Dalkey, en Irlande. L'expérience
réussit, la France s'en émut et, sur le rapport favorable de M. Mallet, inspecteur général des ponts
et chaussées, il fut décidé que la traction sur le

Fig. 41. — Coupe longitudinale du tube atmosphérique.

chemin de Saint-Germain, dans la partie comprise
entre Nanterre et Saint-Germain, s'effectuerait suivant
le système de l'ingénieur danois. On voit encore à
Nanterre et à Chatou les bâtiments destinés à recevoir
les pompes qui devaient faire le vide dans le tuyau
atmosphérique. Les pompes magnifiques, les machines
à vapeur et la batterie de chaudières placées en haut
de la rampe ($0^m,035$ par mètre) qui mène du Pecq à
Saint Germain, ont disparu et cet énorme attirail, su-

perbe agencement de forces impuissantes, objet de
l'attention et de l'admiration de tant de visiteurs,
n'a plus fourni qu'un amas de pièces inutiles, bonnes
à renvoyer à la fonderie ou à la forge.

Le système atmosphérique, après quatorze années
d'essai, a été abandonné entre le Pecq et Saint-
Germain. Les locomotives remontent seules tous les
trains, et le prix de la traction par train et par kilomètre est descendu de 3 fr. 80 ou 4 fr. à 1 fr. 32.
C'est dire que le système atmosphérique est mort, et
sans chances de revivre.

B. — INVENTION DE LA LOCOMOTIVE. — Voitures de Cugnot, d'Oliver Evans. —
Locomotive de Trewithick et Vivian, de Blenkinsop, de Brunton, de Stephenson. — Séguin invente la chaudière tubulaire et Stephenson le jet
de vapeur.

C'est vers l'année 1759, nous apprend le célèbre
Watt, que le docteur Robinson, alors élève à l'Université de Glascow, eut l'idée d'appliquer la vapeur au
mouvement des roues des véhicules. Watt lui-même,
en 1784, a décrit une machine inventée par lui dans
le même but; mais les idées de Robinson, aussi bien
que celles de Watt, n'ont reçu aucune réalisation,

L'honneur d'avoir le premier construit une voiture
se mouvant à l'aide de la vapeur, appartient au Français Cugnot. Les premiers essais de Cugnot eurent lieu
en 1763. A lui revient l'idée, — au maréchal de Saxe,
au général de Gribeauval, au duc de Choiseul, ministre de la guerre de Louis XV, revient l'honneur
d'avoir contribué à sa réalisation.

La voiture de Cugnot était un fardier à trois roues, destiné au transport des canons. La vapeur produite dans une chaudière placée en porte-à-faux, agissait dans deux cylindres en bronze dont les pistons, alternativement soulevés et abaissés, actionnaient un petit arbre à manivelle relié au moyen d'engrenages à la roue d'avant. Cette roue était garnie d'un large cercle faisant prise sur le sol au moyen de fortes saillies et pouvait, à l'aide d'engrenages placés sous la main du

Fig. 42. — Voiture de Cugnot.

conducteur, se déplacer sur elle-même de manière à faire prendre au véhicule les directions variées de la route à parcourir.

Mais la voiture de Cugnot ne pouvait faire que quatre kilomètres à l'heure, — c'est la vitesse d'un cheval au pas ; — au bout de peu de temps, l'eau manquait et elle s'arrêtait. Elle était bien imparfaite, à la vérité, mais elle laissait deviner l'avenir. Il appartient aux hommes de génie de lever le voile qui couvre certaines découvertes et de voir dans un embryon toute une destinée. Napoléon, à son retour d'Italie, apprend l'existence de la voiture de Cugnot et exprime l'avis qu'on peut *en tirer un grand parti!* Le génie de la guerre a entrevu l'instrument de la paix à venir.

Le Conservatoire des Arts-et-Métiers et le Ministère de la guerre se disputèrent longtemps la machine de Cugnot; le premier finit par l'obtenir. C'est dans une des salles de ce musée qu'elle est encore, donnant la mesure des progrès accomplis depuis 70 ans.

Quant à Cugnot, qui avait eu, sur la proposition du général de Gribeauval, une pension de 600 livres et qui en avait été privé au moment de la Révolution, il serait mort de misère si une dame charitable de Bruxelles ne lui fût venue en aide. Il avait soixante-quinze ans quand Bonaparte, premier consul, lui rendit sa pension et en éleva le chiffre à 1,000 livres. Il vécut encore quatre ans et mourut en 1804, pauvre, mais heureux comme on doit l'être, après une vie de labeur, en voyant grandir l'œuvre dont il avait été le premier artisan. A ce moment, les locomotives commencent à fonctionner dans les mines de Newcastle.

C'est en Amérique et en Angleterre que se poursuivent dès lors les essais d'application de la vapeur à la locomotion.

Oliver Evans, en 1800, construit une voiture à vapeur qu'il fait circuler dans les rues de Philadelphie. Trewithick et Vivian, mécaniciens de Cornouailles, prennent, en 1802, un brevet pour une voiture du même genre, et font marcher leur première locomotive, en 1804, sur les rails du chemin de Merthyr-

Tydwill, dans le pays de Galles. Mais il semble que l'adhérence manque : on croit devoir recourir à l'emploi de stries sur la jante des roues.

En 1811, paraît la locomotive de M. Blenkinsop, directeur des houillères de Middleton. Cette machine avait quatre roues porteuses et s'avançait sur les rails à l'aide d'une roue dentée s'engrenant dans une crémaillère couchée entre les deux rails. Deux cylindres

Fig. 43. — Machine de Blenkinsop (1811).

verticaux, placés au-dessus de la chaudière transmettaient, au moyen de bielles, de manivelles et de pignons, le mouvement à cette roue dentée. La chaudière était un corps cylindrique traversé par un gros tube ayant à l'une de ses extrémités le foyer et à l'extrémité opposée la cheminée.

En 1813, un ingénieur, du nom de Brunton, remplace la roue dentée et la crémaillère par des béquilles s'appuyant sur les rails, comme la gaffe du batelier sur le fond de la rivière à la surface de laquelle chemine son bateau [1].

M. Blackett étudie dans le courant de cette même année la question de l'adhérence qui, jusque-là insuffisamment approfondie, avait paralysé tout progrès. Il

Fig. 44. — Machine de G. Stephenson (1814).

reconnaît que le frottement qui s'exerce entre la roue de fonte de la locomotive (car, à cette époque, les roues étaient entièrement en fonte) et les rails, est

---

[1] MM. Fortin-Hermann construisent en ce moment (1878), pour les chemins de fer à fortes rampes, une locomotive à patins qui paraît avoir certaine analogie avec celle de Brunton.

suffisant pour produire la progression de celle-ci et des wagons à remorquer.

L'année suivante, George Stephenson utilise toute l'adhérence des roues de sa machine en réunissant ces roues par une chaîne sans fin, qui rend leurs mouvements solidaires. Le mode de suspension de cette machine mérite de fixer l'attention : la chaudière repose sur les roues par l'intermédiaire de tiges reliées à des pistons sur lesquels agissent l'eau et la vapeur contenues dans la chaudière. On rapporte que cette locomotive a remorqué 30 tonnes à une vitesse de 6500 mètres à l'heure.

En 1815, G. Stephenson perfectionne sa machine. Les cylindres de suspension sont remplacés par des ressorts. A la chaîne sans fin, M. Hackworth substitue, en 1825, une bielle d'accouplement. Ce n'est pas encore notre locomotive actuelle, mais, telle qu'elle est, la machine de Stephenson rend déjà des services pour le transport des charbons.

Jusqu'en 1827, il n'y a pas de progrès nouveau dans la construction des locomotives. Cependant, le chemin de Saint-Etienne à Lyon s'achève ; en vue d'une prochaine exploitation, on fait venir deux des locomotives inventées par Stephenson et en usage en Angleterre. Le directeur du chemin de Saint-Etienne, Marc Séguin, les examine. Il est tout d'abord frappé de leur faible production de vapeur et, pour y remédier, il leur applique le perfectionnement qu'il venait d'apporter aux chaudières servant à la navigation du Rhône : au gros tube faisant foyer de ces machines, il substitue un grand nombre de petits tubes. La chaudière tubulaire est inventée ; mais cette grande division des produits de la combustion ralentit le tirage. Pour obvier à cet inconvénient capital, Séguin a recours au ventilateur à force centrifuge ; il arrive ainsi à produire jusqu'à 1200 kilogrammes de vapeur par heure, avec des chaudières de 3 mètres de longeur et de $0^m,80$ de diamètre, renfermant 43 tuyaux de $0^m,04$ de diamètre. Ce moyen d'opérer artificiellement le tirage du foyer n'a pas toute la simplicité nécessaire. Stephenson, adoptant la chaudière tubulaire, se trouve en face du même problème et, pour le résoudre, il imagine de conduire dans la boîte à fumée la vapeur qui, après son action dans les cylindres, se perd dans l'air. L'idée n'est pas nouvelle, elle remonte aux temps les plus reculés, mais l'application est neuve et détrône le ventilateur de Séguin.

La locomotive est désormais inventée. En octobre 1829, un concours est organisé sur le chemin de Liverpool à Manchester ; le prix est décerné à *la Fusée* (the Rocket), sortie des ateliers de Stephenson, qui remorque, avec une vitesse de six lieues à l'heure, une charge de près de 13,000 kilogrammes. Sans charge, elle fournit une course de dix lieues à l'heure.

A partir de cette époque, de nombreux perfectionnements viennent chaque jour s'ajouter à ceux dont la nouvelle machine a été dotée : Des foyers ingénieusement disposés sont inventés en vue de mieux utiliser le combustible employé. Des coulisses de changement de marche de dispositions variées sont adoptées par les

divers constructeurs. Dans ces dernières années,
M. Giffard remplace la pompe d'alimentation par l'injecteur qui porte son nom, M. Lechâtelier applique
la contre-vapeur au ralentissement de la vitesse des
trains ; des inventeurs sans nombre poursuivent avec
ardeur la recherche du frein le meilleur. Et l'Exposition de 1878 nous montre, se disputant la palme, le
frein par le vide et le frein à air comprimé, qui mettent
dans la main du mécanicien le moyen d'agir sur les
freins de tous les véhicules d'un train et d'obtenir
l'arrêt le plus rapide qu'on ait eu jusqu'à présent.

Mais ces perfectionnements n'ont qu'une importance
secondaire vis-à-vis des inventions premières de Séguin
et de Stephenson.

L'usage de la locomotive s'étend de plus en plus. Sa
vitesse et sa puissance augmentent, ses dimensions s'ac-
croissent. Les différentes parties du mécanisme se perfectionnent en même temps que le travail dans les
ateliers et, grâce à des études plus sérieuses et plus
approfondies, à des expériences plus nombreuses et
plus précises, on est parvenu à construire une machine qui, si elle n'est pas parfaite, dans le sens absolu
du mot, touche de bien près à la perfection.

C. — LA LOCOMOTIVE. — Différents types. — Machines à voyageurs à moyenne
et à grande vitesse; Crampton. — Machines mixtes. — Machines à marchandises de moyenne et de grande puissance : Engerth, Beugnot. — Progrès accomplis dans la construction des locomotives; leur puissance.

Des types sont créés pour les divers services effectués par ces nouvelles machines. Les uns servent au

transport des voyageurs, les autres au transport des marchandises, d'autres enfin, dans les gares ou sur les lignes de faible longueur.

Il ne faut pas s'attendre à trouver un ou deux types spéciaux pour chacun des services que nous venons d'indiquer. Il n'en est pas des choses de la science appliquée comme de celles de la science pure, et l'on est bien loin de s'entendre sur un fait de mécanique comme on s'entend sur un théorème de géométrie ou sur une question d'algèbre. Aussi, suivant les Compagnies, les types varient-ils, et, à part certains caractères généraux, il serait assez difficile d'indiquer les différences qui existent entre les divers modèles adoptés. Ces différences sont, d'ailleurs, en partie légitimées par les conditions variées où se trouve placée l'exploitation de chaque chemin : tracé de la voie en plan et en profil, fréquence des stations, tonnage à remorquer, nature du combustible, etc., il faut avoir un moteur dont la construction, — qu'on nous permette la comparaison, — dont les entrailles, dont les jambes répondent à la nourriture qu'on lui donne, à la course qu'il doit fournir, au travail enfin qu'on lui demande.

Les machines à voyageurs sont destinées à un service de moyenne vitesse (trains omnibus) ou à un service de grande vitesse (trains express).

Dans le premier cas, elles sont construites pour marcher à 55 ou 40 kilomètres ; dans le second, à 70 kilomètres à l'heure. Ce qui distingue essentiellement ces deux types, c'est la dimension des roues mo-

trices, qui ont, dans le second, jusqu'à 2^m,60 de diamètre, et leur position assez générale en arrière du
foyer, l'essieu passant sous les pieds du mécanicien.
On conçoit que pour un même nombre de coups de
piston ou de tours de roue, elles parcourent, grâce au
grand développement de leur circonférence, un plus
grand espace que les premières, dont les roues n'ont
jamais un diamètre supérieur à 1^m,80. — On peut
dire de ces machines, dont l'ingénieur Crampton est
l'inventeur, qu'elles courent *ventre à terre*. La marche
rapide qu'elles doivent fournir exigeait un puissant
organe respiratoire et digestif, une longue chaudière,
par conséquent ; elle demandait encore une grande
stabilité ; aussi, le centre de gravité a-t-il été placé
le plus bas possible, les différentes parties du mécanisme étant groupées de chaque côté du corps cylindrique et rendues ainsi d'une surveillance plus facile.

Entre les machines à voyageurs et les machines à
marchandises se placent les machines mixtes, destinées à faire un service commun sur les lignes de peu
d'importance et à remorquer des trains composés de
wagons à voyageurs et de wagons à marchandises. Il
faut, pour ce service spécial, des locomotives d'une
vitesse supérieure à celle des trains de marchandises
ordinaires, et d'une puissance plus considérable que
celle des locomotives destinées spécialement aux trains
de voyageurs.

L'indépendance des roues, qui était le caractère propre des machines précédentes, n'est plus possible. Il
faut, comme on dit, *faire feu des quatre pieds* et ob-

Fig. 45. — Machine Crampton.

tenir une adhérence plus grande. On arrive à ce résultat en rendant le mouvement d'une des deux paires
de roues, précédemment laissées libres, solidaire de
celui des roues motrices. On *conjugue* les essieux,
c'est-à-dire qu'on les réunit au moyen de tiges ou de
bielles d'*accouplement*, ce qui nécessite, comme point
de départ, qu'elles aient le même diamètre. Ainsi
donc : deux paires de roues d'égal diamètre, reliées

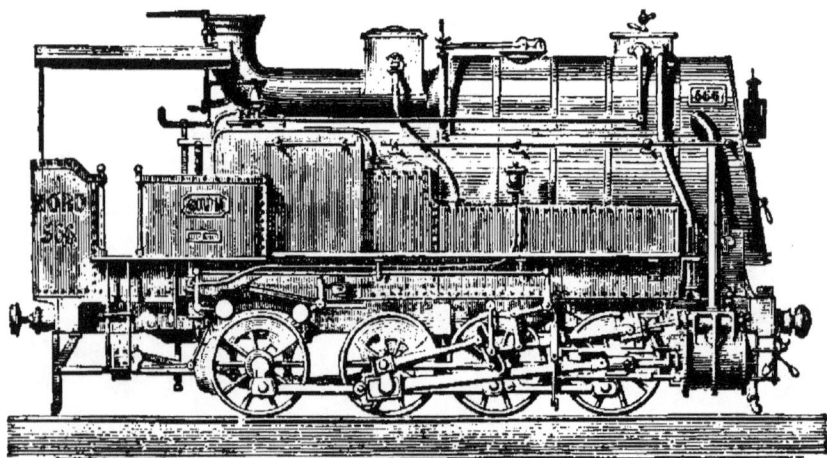

Fig. 46. — Machine Petiet (Nord).

entre elles, tel est le caractère essentiel de la machine mixte. Une troisième paire de roues d'un diamètre plus petit (1^m,00, tandis que les grandes ont jusqu'à 1^m,74 de diamètre) accompagne celles-ci et contribue avec elles à porter le lourd véhicule. La vitesse
des trains mixtes résulte du diamètre des roues motrices de la locomotive qui les remorque ; leur résistance au mouvement est surmontée, grâce à l'accouplement de ces mêmes roues.

On pressent déjà les dispositions que doivent présenter les machines à marchandises. Qui ne connaît le *scolopendre*, ce myriapode, vulgairement appelé mille-pieds, au corps allongé, divisé en nombreux segments, aux pieds terminés par un crochet, qui, dans nos climats, n'a pas plus de 5 à 8 centimètres et qui, dans l'Inde, a jusqu'à 30 centimètres de longueur ? Cet animal repoussant est cependant remarquable par la puissance de son appareil locomoteur : 74 paires de pattes ! La machine Beugnot, l'un des types les plus puissants, l'une de celles qui en a le plus, en a dix fois moins : 7 paires de roues seulement.

Les machines à petite vitesse sont de deux espèces, celles de moyenne puissance, qui font le remorquage des trains ordinaires de marchandises sur les lignes peu accidentées et peu sinueuses, et celles de très-grande puissance, qui doivent circuler sur des lignes d'un tracé difficile, en traînant après elles des convois lourdement chargés.

Les machines de moyenne puissance ont d'ordinaire trois paires de roues de même diamètre accouplées. Le diamètre de ces roues est toujours faible et ne dépasse guère 1^m,50. Elles sont généralement ramassées, de forme trapue, comme ces hommes qui sont capables de fournir de leurs reins et de leurs jambes de grands efforts.

Dans les machines de grande puissance, spécialement destinées à remorquer de lourdes charges sur des chemins rapides et à courbes de petit rayon, le corps cylindrique s'allonge, car il faut une abondante

Fig. 47. — Une station en Amérique.

production de vapeur; le nombre des roues augmente,
car il faut user de toute l'adhérence; le mécanisme
enfin se complique, car il faut donner à ce grand
corps de métal la souplesse nécessaire à une marche
sinueuse.

C'est pour franchir la montagne du Sommering,
avec des pentes de 25 millimètres, que l'ingénieur
autrichien Engerth a construit la puissante locomotive qui porte son nom et dans laquelle il a réuni sur

Fig. 48. — Machine Jefferson.

dix roues le tender et la machine, de manière à profiter de toute l'adhérence possible, en laissant aux
deux parties du système la possibilité de se mouvoir
et de s'inscrire dans des courbes de 190 mètres de
rayon.

Le problème de la locomotion, dès qu'il s'agit de
fortes pentes, en courbes de faible rayon, présente les
plus grandes difficultés. Chaque jour les ingénieurs
font un nouveau pas vers la solution, mais celle-ci

n'est point encore atteinte et on ne peut prévoir l'époque où la machine de montagne, celle qui se rapprochera le plus de notre scolopendre, par sa force et sa souplesse, sera trouvée.

A côté de ces lourdes machines, aux formes massives et athlétiques auxquelles incombent les transports les plus importants, se trouvent des machines plus légères, plus rapides à la course : les *machines-tenders*, qui portent avec elles leur provision d'eau et de combustible pour les courts trajets qu'elles doivent accomplir. Les machines-tenders servent à la traction sur les lignes de banlieue, et sont utilisées dans les gares pour les manœuvres de composition et de décomposition des trains, trop lentes avec des chevaux ou à bras d'hommes.

Mais au fur et à mesure que s'étend le réseau des voies ferrées, l'importance des transports fournis par les régions nouvellement desservies diminue, et la nécessité d'arriver à une construction plus économique se fait plus vivement sentir. On commence à comprendre que le système de la voie étroite peut présenter dans des cas nombreux des avantages marqués sur le système de la voie actuellement employée de 1^m,50 de largeur.

L'Exposition de 1878 nous montre de remarquables spécimens des machines construites pour les voies réduites de 1^{m}00, de 0^{m}60 et même de 0^{m}50 de largeur.

La Société des Batignolles a exposé une locomotive-tender pour la voie de 1^{m}00, qui pèse 13 tonnes 600, en ordre de marche, et qui est étudiée pour permettre des modifications, soit dans la chaudière (surface de grille, surface de chauffe, pression), soit dans le diamètre des roues, soit dans la capacité des caisses à eau ; pour permettre, en résumé, de modifier son allure comme vitesse, sa puissance de traction et de vaporisation. Les roues de $0^m,80$, peuvent être remplacées par des roues de 0^m96. Les surfaces de chauffe et de grille et la puissance de traction peuvent être augmentées de 0.50%. Le poids sur les roues peut être ainsi porté à 16 ou 17 tonnes, suivant la capacité, modifiée ou non, des caisses à eau.

On comprend l'intérêt que présente la possibilité d'effectuer ces transformations. Le trafic d'un chemin étant peu important à ses débuts, une machine d'une faible puissance suffit. Ce trafic augmentant, la puissance de traction doit augmenter. Le mode de construction de la machine permet de parer à cette nécessité, sans qu'il y ait lieu de recourir à la construction d'une machine nouvelle.

La maison Cail a exposé des types de machines-tender de 10 tonnes, à 6 roues couplées, de 5 tonnes à 4 roues couplées, enfin de 1 tonne 500 à 4 roues couplées pour la voie de $0^m,60$. Dans cette dernière, la chaudière est verticale et la machine n'a qu'un cylindre vertical dont le piston actionne un pignon engrenant avec une roue dentée placée sur l'essieu d'avant.

Enfin, MM. Corpet et Bourdon ont exposé une petite machine : Liliput, pour la voie de $0^m,50$, qui est une véritable merveille de construction mécanique. La voie de $0^m,50$ tend de plus en plus à se répandre. C'est celle qui se prête le mieux par son bas prix d'établissement, par sa flexibilité aux différentes applications industrielles. Les résultats donnés par le remarquable chemin du Festiniog (voie de 60 centimètres), en Angleterre, dont les recettes annuelles dépassent 28,000 francs par kilomètre et qui rapporte 12.5 % du capital dépensé, sont bien faits pour convaincre les adversaires les plus opposés de la voie étroite. Aux machines England et Cie de 8 tonnes, à 4 roues couplées, employées dès 1863, ont succédé, en 1869, les machines Fairlie, de 19 tonnes, 5, montées sur deux trucks ayant chacun 4 roues couplées, consommant 25 % de moins que les autres machines et qui ont permis d'atteindre des vitesses de 56 kilomètres à l'heure. Le nom de Little Wonder donné à la première de ces machines n'est pas, comme on le voit, une usurpation.

La souplesse de la voie étroite est telle, disons-le en passant, qu'elle permet de triompher de difficultés jugées insurmontables avec la voie ordinaire. C'est ainsi qu'on a pu récemment prolonger le Colorado Central Railroad de Black-Haw à Central en Amérique. Ces deux villes ne sont distantes que de 1600 mètres ; mais leur raccordement ferré a exigé la construction d'un chemin en zig-zag de 6 kilom., rachetant une hauteur de 171 mèt., et en pente de près de 0,27 par mètre.

Tels sont, très en résumé, les divers types de machines nécessaires à l'exploitation des voies ferrées, et que l'on trouve dans le matériel de toutes les Compagnies de France ou de l'étranger, avec les différences naturelles que les conditions locales leur imposent.

Nous avons dit déjà plusieurs fois que l'instrument de transport sur les voies ferrées, si parfait qu'il soit déjà, n'est pas encore, dans tous les cas, tout ce que l'on peut désirer. Il ne faut pas que le chemin qui est à parcourir nous empêche de reconnaître les améliorations accomplies.

On sait que la puissance d'une machine dépend des dimensions de ses entrailles, nous voulons dire de l'étendue de sa surface de chauffe. A l'origine, les machines du chemin de Versailles mesuraient 56 mètres carrés ; ce chiffre a été à peu près quadruplé : les grosses machines du chemin de fer du Nord ont jusqu'à 213$^{m c}$,35 de surface de chauffe. Au lieu de 450 kilogrammes d'eau, elles digèrent ou évaporent dix fois plus, et jusqu'à 5,000 kilogrammes d'eau par heure. Le corps cylindrique, qui n'avait que 2^{m},43 de longueur dans les anciennes machines Sharp, a aujourd'hui jusqu'à 4^{m},89 dans les Engerth.

L'augmentation de poids est la conséquence naturelle de l'augmentation des dimensions. La Fusée pesait 4 tonnes 30 et, sans remonter si loin, les anciennes machines Buddicom pesaient 17 tonnes ; aujourd'hui, les Engerth, avec leur tender, pèsent 62 tonnes 80. L'adhérence a augmenté avec le poids et, tandis que la charge remorquée par les anciennes machines n'était que de 40 tonnes, à la vitesse de 10 kilomètres à l'heure, elle est aujourd'hui : de 700 tonnes, à une vitesse de 25 kilomètres pour les

Engerth, ou de 88 tonnes, à une vitesse de 80 kilomètres pour les Crampton.

A l'encontre de ce qui arrive pour les chevaux, qui produisent en raison de la nourriture qu'on leur donne (parce que nous n'avons pas encore trouvé le moyen de diminuer leurs facultés digestives et assimilatrices, sans réduire leur quantité de travail, l'œuvre de Dieu étant parfaite), la consommation des machines s'est améliorée : par de meilleures proportions données au foyer, à la chaudière et aux différentes parties du mécanisme, la quantité de combustible brûlée pour transporter une tonne à 1 kilomètre a été réduite de $0^k,45$ à $0^k,032$, c'est-à-dire dans la proportion de 14 à 1.

Le travail des ateliers s'est perfectionné, le prix des machines s'est notablement abaissé, et cela en dépit du prix de la main-d'œuvre, qui va constamment en croissant. L'unité-cheval a notablement baissé. Et quelle perfection plus grande dans la construction !

Or, ce cheval, pris pour unité de la mesure des locomotives et des machines à vapeur en général, et qu'on appelle cheval-vapeur, n'est pas l'équivalent du cheval ordinaire de nos voitures. Le cheval-vapeur équivaut à 75 kilogrammètres (c'est-à-dire à la force nécessaire pour élever, par seconde, un poids de 75 kilogrammes à 1 mètre de hauteur), tandis que la force du cheval ordinaire est évaluée à 45 kilogrammètres seulement). Et, comme ce dernier ne peut travailler que huit heures environ sur vingt-quatre, il en résulte qu'il faudrait 5, 5 chevaux ordinaires pour l'équivalent d'un cheval-vapeur, ou mieux 11 chevaux ordinaires pour remplacer 2 chevaux-vapeur.

Cette définition étant donnée, nous serons compris en disant que les locomotives aujourd'hui en usage développent un travail soutenu de 200 à 300 chevaux-vapeur, ou de 1,100 à 1,650 chevaux ordinaires.

Les Compagnies françaises avaient, au 31 décembre, 11,723 locomotives, et les Compagnies anglaises 8,619.

On compte, en général, pour l'exploitation des chemins de fer, 0,34 locomotives par kilomètre (ou une machine environ pour 3 kilomètres), ce qui donne, pour les 295,000 kilomètres exploités aujourd'hui, environ 100,300 locomotives, produisant un travail de 25,075,000 chevaux-vapeur, ou de 137,912,000 chevaux ordinaires. L'esprit se rend difficilement compte des quantités que ces chiffres représentent. Cependant, si l'on suppose que tous ces chevaux soient attelés en flèche et n'occupent chacun qu'une longueur de 2 mètres, l'attelage aura comme longueur 320 fois la distance de Paris à Marseille, ou sera les $\frac{4}{5}$ environ de la distance moyenne de la terre à la lune !

Nous ne pouvons mieux finir cette courte analyse du chemin de fer qu'en transcrivant ici les lignes par lesquelles deux des rapporteurs de la classe 63 (matériel du chemin de fer), à l'Exposition universelle de 1867, MM. E. Flachat et de Goldschmidt, terminaient leur exposé économique.

« Quelque découverte qui puisse être faite dans l'industrie et dans les arts, il n'y en a pas qui vaille

15

celle qui a abaissé de 4 à 1 le prix du transport de toutes choses, en augmentant la vitesse dans le rapport de 1 à 5.

« Il y a dix années au plus que ce nouvel état de choses exerce son influence sur l'industrie générale, et déjà l'Exposition universelle nous montre une égalité menaçante pour les uns, consolante pour les autres, providentielle pour tous, dans les moyens de production. C'est comme une abondance qui monte et qui doit enrichir l'humanité sur tous les points du globe. A voir l'ardeur qui nous entraîne et qui nous unit, pour améliorer demain ce qui a été fait hier, qui douterait du mieux qui va suivre et n'aurait confiance dans ce que l'avenir prépare? »

Cette prédiction se réalise tous les jours.

V. — SYSTÈMES DIVERS.

A côté des locomotives dont nous venons d'esquisser l'histoire et de faire connaître les principaux types, se placent un certain nombre de machines diverses : les unes fonctionnent encore au moyen de la vapeur, les autres au moyen de l'air ou de l'eau comprimés, d'autres enfin au moyen de l'électricité : nous allons en faire connaître les dispositions principales.

A. — MULTIPLICATION DU NOMBRE DES CYLINDRES. — Système Verpilleux. — Machines du Nord, Meyer, Dupleix, Flachat.

Nous parlerons d'abord de quelques locomotives remarquables par le nombre de leurs organes propulseurs.

La difficulté qu'éprouvent les constructeurs à conju-
guer le mouvement de plusieurs paires de roues sur
les lignes à courbes de petit rayon, les a conduits à
transmettre d'une manière indépendante aux roues de
la machine le mouvement de va-et-vient produit par
l'action de la vapeur dans les cylindres et, par suite, à
multiplier le nombre de ces derniers, — une paire de
cylindres agissant, comme à l'ordinaire, sur les roues
d'avant de la machine, une seconde paire agissant sur

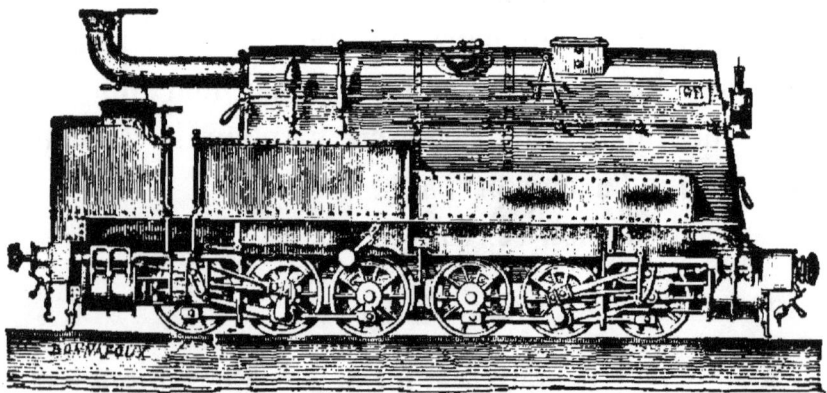

Fig. 49. — Machine Petiet (Nord), à quatre cylindres.

les roues d'arrière, sur celles du tender ou même sur
celles des divers véhicules. Tel est le système, en principe.

Il a été appliqué pour la première fois sur le chemin
de Saint-Étienne, par M. Verpilleux qui disposait deux
cylindres sous le tender ; puis, au chemin de fer du
Nord, où de superbes locomotives ont été construites
pour les services de petite et de grande vitesse.

La machine à marchandises du Nord est montée
sur douze roues, groupées et accouplées par six. Chaque

groupe est commandé par deux cylindres, les uns placés en tête, les autres en queue de la machine. Une longue chaudière, surmontée d'un dessiccateur, est couchée sur les six essieux. Autour de ses flancs se trouvent l'eau et le charbon nécessaires à son alimentation, et le tout pèse 59,7 tonnes et, est capable de remorquer des charges de 655 tonnes, brutes en rampe de 0,005 avec une vitesse moyenne de 25 kilomètres à l'heure, ou de 80 tonnes, en rampe de 0,05 par mètre. Ces grandes dimensions, cette grande puissance ont fait donner parfois à cette machine le nom de *machine-chameau.*

Une machine du même système (4 cylindres), mais avec une paire de roues de moins (5 au lieu de 6), a été construite pour le service des express du Nord, qui sont très-chargés. Les deux paires de roues motrices d'avant et d'arrière ont un diamètre de 1m,60, ce qui ne pourrait suffire à un service de grande vitesse, si l'on n'avait pris soin d'augmenter le nombre des coups de piston et, par suite, celui des tours de roues par unité de temps.

La locomotive de M. Meyer ne diffère de la locomotive à marchandises du Nord que par l'isolement des deux groupes de six roues, montés sur deux trucks indépendants et non plus sur un même châssis. La chaudière repose sur les deux trucks, comme la caisse des wagons américains sur les trains qui la portent; des tuyaux articulés servent à la distribution de la vapeur dans les quatre cylindres et à son échappement dans la cheminée. Cette disposition donne à la machine la souplesse nécessaire à son passage dans les courbes de petit rayon, sans lui ôter la rigidité et la solidité qui sont la condition vitale de ces grands corps métalliques.

La machine Queensland, du système Fairlie, en usage aux colonies anglaises, résout le même problème d'une manière différente.

M. Haswell a construit une machine, à grande vitesse, dite Dupleix, dans laquelle les quatre cylindres, au lieu d'être isolés, comme dans les machines précé-

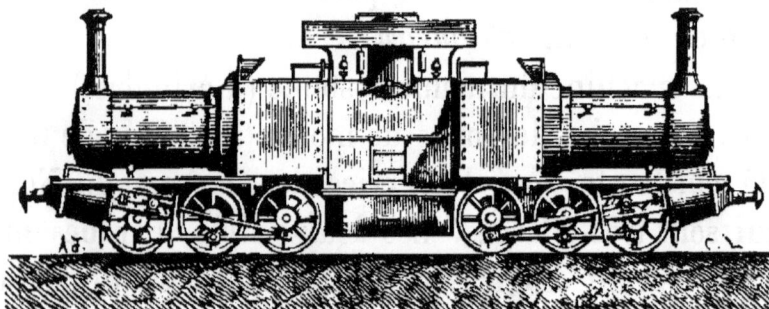

Fig. 50. — Machine Fairlie.

dentes, sont superposés deux par deux et agissent sur une manivelle à deux bras, de manière à éviter l'emploi des contre-poids : disposition compliquée et insuffisamment justifiée.

Enfin M. Eugène Flachat, qui a si puissamment, et pendant de si longues années, contribué à la construction et au perfectionnement de nos voies ferrées, a proposé non plus quatre paires de cylindres, mais autant de cylindres que de trucks porteurs de véhicules. La chaudière destinée à engendrer la vapeur nécessaire à tous ces cylindres est placée en avant du train sur deux trucks, et des tuyaux articulés la répartissent dans toute la longueur du train. Le poids et, par suite, les dimensions de chaque véhicule peuvent être augmentés. L'emploi des voitures du système américain à long couloir intérieur se trouve naturellement indiqué.

On emploie depuis deux ans sur le petit chemin de fer de Bayonne à Biarritz des machines du système Compound, dans lesquelles la vapeur agit à pleine pression dans un premier cylindre, puis par sa détente dans un cylindre spécial de plus grande dimension. C'est d'après ce système que sont établies les machines marines. Jusqu'à présent ces machines ont donné des résultats satisfaisants. Il faut attendre qu'une expérience plus complète et plus longue en soit faite pour pouvoir se prononcer sur leur réelle valeur.

B. — Systèmes divers. — Locomotive de Jouffroy. — Système Séguier. — Locomotive Fell, du mont Cénis. — Machines rotatives. — Système Agudio, funiculaire et à rail central. — Systèmes Larmanjat, Saint-Pierre et Goudal.

La locomotive de M. de Jouffroy diffère complètement des précédentes, et c'est d'une tout autre manière que cet inventeur a cherché à résoudre le même problème de la locomotion en pays de montagnes. Il place la chaudière sur un châssis porté par deux grandes roues à jante plate, et le mécanisme sur un autre châssis supporté en son milieu par une roue unique en fer, garnie d'une jante en bois destinée à se mouvoir sur un rail strié, qui occupe le milieu de la voie. Cette roue est la roue motrice. Elle est comme la roue d'avant d'un tricycle, portant sur ses deux roues de derrière la chaudière et ses accessoires. Les deux parties dont se compose le châssis de ce tricycle sont réunies au moyen d'une articulation verticale, qui augmente encore sa souplesse propre. On voit que l'inventeur a cherché à obtenir une grande adhérence, en même temps qu'une grande légèreté et une grande flexibilité de son matériel. D'ailleurs, son système de grandes roues à jante plate, mobiles sur des rails à rebords, n'est pas exclusif à sa machine.

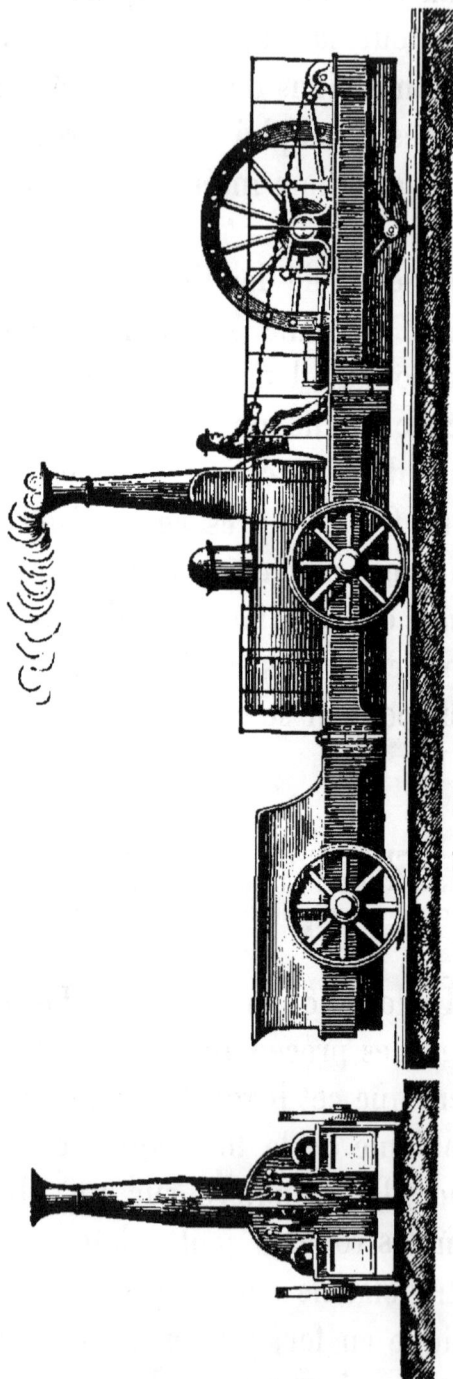

Fig. 51. — Machine Jouffroy.

Ses voitures sont aussi montées sur un seul essieu porté par deux grandes roues et réunies les unes aux autres au moyen d'articulations à axe vertical qui permettent un facile déplacement dans le plan de la voie. C'est là assurément une conception ingénieuse, une solution du problème, mais elle emprunte des

Fig. 52. — Voiture Jouffroy.

moyens dont la pratique a révélé les défauts et n'a pu consacrer l'usage. Aussi n'est-il pas appliqué.

Nous retrouvons encore le rail central dans une autre invention, mais non plus ce rail avec ses stries et ses dentelures, qui le font ressembler à une crémaillère, mais un rail semblable à ceux de la voie ordinaire, à la hauteur près à laquelle il se trouve placé au-dessus du ballast. Il ne sert plus au passage d'une roue verticale comme celle de M. de Jouffroy, mais au

passage de deux couples de roues horizontales qui le
pressent entre elles, comme feraient les extrémités de
tenailles dont les mâchoires tranchantes, devenues
circulaires, seraient animées d'un mouvement de rotation. Tel est le système de M. le baron Séguier, que
différents inventeurs, MM. Duméry, Giraud et Fedit,
et enfin M. Fell, ont cherché à rendre pratique.

Nous ne nous arrêterons pas à la description des machines proposées par les premiers, mais nous dirons
quelques mots de celle de M. Fell, en raison de l'a-
venir que des essais heureux paraissent lui réserver.

« On se fera une idée sommaire, mais exacte de
cette machine, dit M. Couche dans son rapport sur les
locomotives exposées en 1867, en concevant une locomotive à huit roues couplées dont quatre verticales
et porteuses et quatre horizontales commandées par les
mêmes pistons, au moyen de bielles motrices distinctes
et pinçant entre elles un rail central. On a donc, d'une
part, l'adhérence ordinaire due au poids entier de l'appareil ; et, de l'autre, l'adhérence facultative, en quelque sorte illimitée, due à la pression exercée par des
ressorts, et que le mécanicien règle à volonté. »

La machine de M. Fell a fait le service de la ligne de 80 kilomètres établie sur la route du mont
Cénis, en attendant le percement du souterrain. Elle
mettait cinq heures à opérer ce trajet, franchissant des
rampes de $0^m,08$ par mètre, et passant dans des courbes
de 40 mètres de rayon, avec un train de trois wagons
attelés à sa suite. Rien de plus pittoresque que ce voyage
tantôt à ciel ouvert, tantôt sous les longs souterrains

en charpente destinés à garantir la voie des avalan-
ches.

MM. Riggenbach et Zschokke ont établi pour gravir
la montagne du Righi, si aimée des touristes, un chemin de fer avec crémaillère centrale sur laquelle agit
un pignon denté placé sous la machine. Les rampes à
franchir atteignent $0^m,20$ par mètre. Chaque train
peut contenir quatre-vingts personnes. Les voyageurs
prenant le chemin de fer jouissent de l'avantage de
voir les deux côtés de la montagne, qu'ils abordent
par Vitznau, du côté du lac de Lucerne et qu'ils redes-
cendent par Goldau et Arth, sur les bords du lac de
Zug, après avoir admiré la ravissante beauté du pa-
norama du Kulm. En 1874, le nombre des voyageurs
a atteint 54 000. Le nombre des machines de ce chemin, qui n'était que de 5 au début, est de 50 aujour-
d'hui.

Deux systèmes ont été proposés pour l'établissement
des chemins de fer à bon marché, au moyen d'un seul
rail : l'un est le système Larmanjat, l'autre le système
uno-rail de MM. Saint-Pierre et Goudal. Tous deux s'é-
tablissent sur les accotements des routes, le premier en
terrain plat, le second en pays de montagnes plus
spécialement.

Les véhicules de M. Larmanjat sont à quatre roues,
deux sur l'axe longitudinal ; l'une à l'avant, l'autre à
l'arrière et portant sur le rail ; deux latérales : une à
droite, l'autre à gauche, reposant sur le sol et fonc-
tionnant comme roues d'équilibre. Les premières portent la plus grande partie de la charge, et, placées

Fig. 55. — Le chemin de fer du Righi.

sur le rail, elles réduisent le frottement et, par suite, l'effort de traction.

On voit que la chaussée parcourue par les trains de M. Larmanjat doit être parfaitement de niveau pour que les voyageurs ne soient pas soumis à des oscilla-

Fig. 54. — Système Larmanjat.

tions qui ne manqueraient pas de devenir fatigantes et désagréables. Un essai de ce système a été fait entre le Raincy et Montfermeil, sur une longueur de 5 kilomètres, et a paru donner d'assez bons résultats.

D'après M. Larmanjat, le kilomètre de rail placé sur le côté de la route macadamisée reviendrait à 7000 francs; placé sur l'un des bas côtés, avec maca-

dam à droite et à gauche, à 10 000, et enfin avec longrines en bois, à 14 000 francs.

Le matériel roulant est aussi à très-bas prix : les
machines coûtent de 10 000 à 20 000 francs et les
wagons de 2 500 à 3 500 francs. Ces prix peuvent donc
rendre possibles un grand nombre de petites lignes à
trafic restreint.

M. Larmanjat a exposé en 1878 une machine spéciale destinée au remorquage des trains sur des voies
ferrées à forte déclivité. Dans le système proposé par
cet ingénieur, la locomotive utilise, indépendamment
de l'adhérence des roues porteuses sur les rails, la
résistance due à l'action d'une roue dentée spéciale
sur une crémaillère latérale au rail. Ainsi qu'on le
voit, ce système a quelque analogie avec différents
systèmes dont nous avons déjà parlé. Il demande à un
organe spécial le supplément d'adhérence qui lui est
nécessaire pour gravir des rampes exceptionnelles.
L'avenir nous apprendra les avantages que présente
cette nouvelle disposition.

Les voitures et la locomotive de MM. Saint-Pierre et
Goudal sont portées sur quatre roues à large jante qui
se meuvent sur des bandes en asphalte comprimé ;
ces roues n'ont rien de particulier. En dessous des
véhicules se trouvent deux paires de roues presque
horizontales, étreignant entre elles le rail central,
comme dans le système l'ell. Ces roues ont même diamètre que les premières ; leur pression sur le rail
peut être graduée. Les huit roues reçoivent leur mouvement de deux cylindres placés à l'avant.

D'après les inventeurs, cette locomotive-tender, du poids de 10 tonnes, d'une force normale de 50 che-

Fig. 55. — Machine Saint-Pierre et Goudal (élévation).

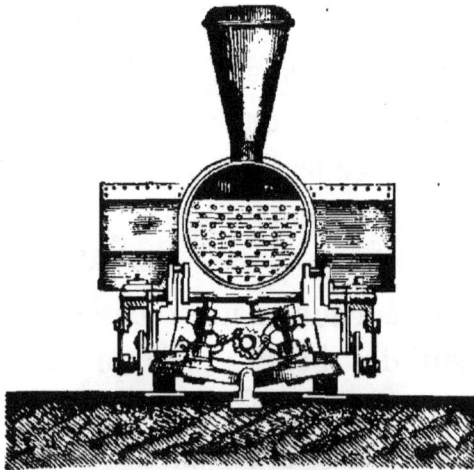

Fig. 56. — Machine Saint-Pierre et Goudal (coupe transversale).

vaux, peut traîner un poids utile de 20 à 22 tonnes, en rampe de 0^m,05 par mètre, à une vitesse de 6 à 8 kilomètres.

Il ne nous est pas possible de nous prononcer sur la valeur de ce système. Nous n'avons pas ouï dire qu'il ait encore reçu d'application. Quelle sera la durée des bandes asphaltées? Quelle sera la durée des machines elles-mêmes, dont le mécanisme est compliqué? Comment résisteront-elles aux secousses produites par les imperfections de la voie, si difficile à réparer. Il est impossible de répondre à toutes ces questions.

Les inventeurs et les ingénieurs ne se sont pas seulement préoccupés des améliorations à apporter au mécanisme locomoteur, ils ont cherché aussi à simplifier le mode d'action de la vapeur. C'est ainsi qu'on a essayé d'appliquer des machines rotatives à la mise en mouvement des roues des locomotives. Ces tentatives n'ont pas réussi jusqu'à présent, et l'on a renoncé à cette application, malgré la simplicité et l'attrait qu'elle présentait. Peut-être faut-il attendre que les machines rotatives se soient perfectionnées; la science, de ce côté, n'a pas dit son dernier mot.

Nous avons parlé déjà des plans inclinés et des machines fixes placées à leur sommet qui opèrent à l'aide d'un câble le remorquage des wagons sur ces plans. De grands inconvénients existent dans l'emploi de ce système. C'est par des modifications profondes que M. Agudio les a surmontés.

Chacun connaît le touage en usage sur les rivières et les canaux : une chaîne couchée dans le fond de la rivière sert d'amarre à un bateau sur le pont duquel de gros tambours sont disposés. Une machine à vapeur

fait tourner ces tambours, sur lesquels la chaîne s'enroule deux ou trois fois, pour retomber ensuite dans
l'eau à l'arrière du bateau. Cette chaîne, comme on le
voit, présente une grande analogie avec le rail central
Séguier. M. Agudio a remplacé la chaîne de touage par
un câble métallique fixé à ses deux extrémités ; ce câble
s'enroule deux fois sur les gorges de deux tambours
disposés sur le train du *locomoteur*. La machine à
vapeur du bateau-toueur est remplacée par deux machines fixes, l'une en haut, l'autre en bas du plan incliné. Chacune de ces machines tire un des brins du
second câble, dont les extrémités ont été réunies après
avoir été passées sur deux nouveaux tambours du locomoteur. On comprend le jeu de l'appareil : le câble
sans fin transmet, par ses deux brins, aux tambours
qui le portent, le mouvement qu'il a reçu des machines. Ces tambours le transmettent à leur tour au tam-
bour qui porte le câble toueur, immobile sur le sol et
le long duquel il s'avance, entraînant à sa suite le
train tout entier.

Le locomoteur est porté sur deux trucks munis de
freins puissants.

Ce système, tel que nous venons de le décrire, présente déjà de sérieux avantages : flexibilité et légèreté
de la machine, simplicité des organes de transmission,
sécurité à la montée comme à la descente. Mais M. Agudio l'a encore perfectionné en remplaçant son câble
toueur fixe par le rail central du système Séguier ou
Fell. Les poulies du locomoteur, dans le nouvel appareil, sont disposées horizontalement et étreignent for-

16

tement le rail. Enfin le poids du locomoteur, qui est de 12 tonnes et qui se répartit sur les roues porteuses, donne lieu à une certaine adhérence dont il a aussi tiré parti.

On étudie, en ce moment, l'application du système Agudio-Fell à la traversée du Simplon. Sur le versant nord, où se trouvent des rampes de 0^m,10 par mètre, on se propose d'employer le locomoteur Agudio, et sur le versant sud, beaucoup moins abrupt, la locomotive Fell.

C. — L'EAU ET L'AIR COMPRIMÉ. L'ÉLECTRICITÉ. — Locomotives Andraud, Pecqueur. — Chemins éoliques Andraud. — L'air comprimé et raréfié : le chemin de Sydenham. Tunnel sous la Manche. — L'air chaud. — L'eau comprimée : système Girard. — Machines électro-magnétiques.

Jusqu'à présent, la vapeur d'eau a été le seul agent employé dans les machines fixes ou locomotives dont nous avons parlé, mais elle n'a pas été le seul agent essayé.

Nous vivons dans une atmosphère gazeuse, compressible, élastique, que nous pouvons utiliser comme moyen de propulsion. Nous pouvons profiter des chutes ou des cours d'eau improductifs pour comprimer l'air, faire provision de la masse, ainsi réduite à un faible volume, et le faire agir dans les cylindres de la locomotive, au lieu de la vapeur d'eau. C'est le système proposé par M. Andraud.

Deux chiffres font saisir immédiatement les difficultés que présente l'emploi de l'air comprimé dans les locomotives : 1 mètre cube d'air et 1 mètre cube de vapeur, à même pression, produisent le même effet dans le cylindre de la machine, mais cette vapeur, à l'état d'eau, n'occupe dans le tender qu'un volume de 3 litres 50, qui est les 0,0035 de celui qu'occuperait l'air : il faudrait donc des réservoirs d'une capacité considérable pour emmagasiner l'air comprimé.

M. Andraud propose de comprimer l'air à 50 atmosphères, mais il faut alors un récipient très-résistant et, par conséquent, très-lourd : nouvelle difficulté.

L'addition d'un foyer et l'emploi de l'air chaud ne conduisent pas à de meilleurs résultats. On a constaté sur les machines fixes qu'on ne peut guère dépasser la force de quatre chevaux sans augmenter démesurément la masse.

M. Pecqueur, reprenant les idées de M. Andraud, a eu l'idée de disposer, le long de la voie, un long tube servant de réservoir où la machine en marche puiserait l'air comprimé. Mais il suffit d'énoncer un semblable projet pour faire entrevoir toutes les difficultés attachées à sa réalisation. M. Pecqueur, indépendamment de cette locomotive à air comprimé, a inventé aussi un piston locomoteur comme celui que nous avons décrit en parlant du système atmosphérique, mais qu'il fait mouvoir au moyen de l'air comprimé, au lieu de l'air raréfié.

M. Andraud, à qui revient l'idée de la locomotive à air comprimé, a proposé des *chemins éoliques*, dont le succès nous paraît encore plus problématique. Voici la disposition qu'il propose : Entre les deux files de rails se trouve un madrier et, de chaque côté de ce madrier, un tube en étoffe flexible et imperméable à l'air, une sorte de gros boyau. Ces deux boyaux sont accompagnés d'un gros tube latéral résistant, qui sert de réservoir d'air comprimé.

Que l'on suppose vides, un moment, les deux tubes placés au milieu de la voie, et qu'après les avoir saisis à l'aide de deux rouleaux opposés, faisant mâchoires, on introduise l'air, celui-ci gonflera les tubes flexibles, pressera les rouleaux et les fera avancer. On n'a plus qu'à disposer sur les tubes autant de paires de rouleaux ou de mâchoires qu'on voudra, au-dessus de ces rouleaux des wagons reliés, et le système progressera. Théoriquement, il n'y a rien à dire ; mais pratiquement, c'est autre chose. Que coûtera l'ensemble ? Et, sans même aborder la question de prix, que dureront ces tubes ? Voit-on les fuites se produire et les cantonniers, transformés en couturières, chargés de mettre des pièces. Tout cela nous paraît inabordable.

Aussi préférons-nous l'obscurité du tunnel de Sydenham à l'insécurité de semblables systèmes.

Nous résumons un article du *Railway News*, du 3 septembre 1864, qui rend compte de l'expérience, nouvelle application de l'idée de Vallance, faite entre Londres et Sydenham.

La voie est établie dans un tunnel circulaire en briques de 3^m,20 de diamètre, capable de recevoir les grandes voitures du Great-Western. Le véhicule ressemble à un long omnibus et porte un disque au milieu duquel il se trouve placé, comme le serait l'acrobate retenu au centre du cerceau garni de papier qu'il

traverse dans les jeux du cirque. Ce disque ferme la
section du tunnel et fonctionne comme piston. La force
qui le fait mouvoir est produite par un grand ventilateur ou *éjecteur*, à surface concave, de $6^m,70$ de diamètre, mis en mouvement par une petite machine à
vapeur.

La voiture doit-elle descendre? Ses freins sont des-
serrés, elle s'engage dans le tunnel en passant sur une
longue ouverture grillée par laquelle l'air arrive. Le
ventilateur tourne. Une porte en tôle ferme l'entrée
du tunnel, et la voiture descend, poussée par l'air introduit. Le ventilateur s'arrête avant l'arrivée du
wagon, la vitesse acquise suffit à le conduire à la fin
de sa course; les freins sont serrés, il s'arrête. —
Doit-il remonter? C'est alors par aspiration que fonctionne l'appareil, et le véhicule s'avance dans le souterrain, comme l'eau s'élève aspirée dans un cha-
lumeau.

On voit l'avantage que présente ce système sur le
système atmosphérique que nous avons décrit précédemment. Au lieu d'un petit piston, dont la faible surface réclame, pour produire un effet voulu, une pression élevée en chacun de ses points, on n'a plus besoin
que d'une faible pression répartie sur la grande surface
du nouveau piston. Par suite, les fuites si redoutées
dans le premier cas sont bien moindres et bien moins
à craindre dans celui-ci. Enfin, — et cet avantage ne
sera pas sans intérêt pour certains voyageurs délicats,
— l'air circule et se renouvelle dans l'intérieur du
souterrain, de manière à dissiper les craintes de ceux

qui, comme le grand Arago, redouteraient encore les maladies causées par l'air humide des souterrains.

Quel sera le sort de cette nouvelle application de l'air à la locomotion? Construira-t-on des souterrains sur le versant des montagnes pour les franchir plus aisément? Fera-t-on un tunnel sous la Manche, et l'air comprimé sera-t-il le moteur adopté? On ne peut rien affirmer, mais il résulte évidemment de l'expérience que nous venons de rapporter qu'un nouveau moyen, aussi puissant que simple, a été mis à la disposition des ingénieurs, qui sauront l'utiliser dans les circonstances les plus avantageuses.

Uu système, qui a *fait beaucoup de bruit* dans ces dernières années, est le système hydraulique de M. Girard.

Un sentiment inné porte l'ingénieur à imiter ce qu'il voit dans la nature, et à tirer parti des forces inutilisées qu'il ne faut que dompter pour les rendre utiles et productives. C'est à un sentiment de ce genre qu'a obéi M. Girard en imaginant son chemin de fer hydraulique.

Le frottement des véhicules sur les rails est déjà bien faible dans les chemins de fer : M. Girard a cherché à le réduire encore et à le rapprocher de ce qu'il est entre le bateau et l'eau qui le porte. Des chutes d'eau, d'une puissance considérable, se précipitent des montagnes dans les vallées sans que, le plus souvent, on en tire le moindre parti. M. Girard a voulu les utiliser. Pour cela, il dispose, le long de la voie, une conduite d'eau qui, au passage des wagons, fournit le liquide nécessaire à leur mise en mouvement. Deux groupes de turbines agissent sur les roues. Selon que l'eau frappe les turbines de l'un ou de l'autre groupe, la progression a lieu dans un sens ou en sens contraire. Tel est le premier système proposé par M. Girard. Plus

Fig. 57. — Système Girard.

tard, il est revenu sur cette première conception et a remplacé les roues par des patins cannelés portant sur un rail plat. C'est alors entre le patin et le rail qu'il introduit de l'eau comprimée, de manière à adoucir le frottement des deux surfaces, et à le réduire, a-t-il prétendu, au millième de la charge.

Mais pourquoi faut-il que la pratique se trouve si souvent en désaccord avec la théorie, et que les faits les plus simples en apparence rencontrent dans l'application de si grandes difficultés? Le système de M. Girard a été essayé à la Jonchère, près de Rueil; une commission a été nommée pour constater les résultats obtenus, et son rapport n'a pas été favorable à cette nouvelle invention. Aux chances de fuites que les moindres mouvements de la voie peuvent produire, et qu'une forte pression, donnée à l'eau pour obtenir de grandes vitesses peut aggraver, s'ajoute la difficulté d'avoir *toujours* une *grande* quantité d'eau et de la conserver liquide dans les conduites en dépit des grands froids. Nous ne croyons donc pas que le système Girard soit appelé à renverser les locomotives.

Nous en dirons autant des machines électro-magnétiques qui, en l'état de la science, doivent être exclues du domaine de la pratique. Les savants sont, à cet égard, d'un avis unanime. Un cheval de force, obtenu au moyen de la vapeur, coûte environ 10 centimes par heure; obtenu par un courant électrique, il coûte 20 francs, disait M. Aristide Dumont à l'Académie des sciences, en 1851. Depuis cette époque, la construction des machines électro-motrices a fait des progrès, mais ils ne sont pas tels qu'on puisse, d'ores et déjà, prévoir leur application prochaine à l'industrie des transports.

Tel est, à cette heure, l'état des découvertes relatives à la locomotion sur les voies ferrées. D'immenses efforts, on le voit, ont été faits depuis l'origine, de la part de tous les hommes et de tous les peuples qui marchent à l'avant-garde de la science. Tous y ont contribué dans la mesure de leur génie et de leurs intérêts ; nous ne chercherons pas à qui revient la plus large part de gloire : devant la grandeur du résultat s'efface la petitesse des amours-propres. Et cependant nous ne touchons pas certainement au terme des progrès qui doivent s'accomplir : les grandes voies sont faites, les petites restent à faire, à chacun leur moteur ; celui des premières continuera à se perfectionner, celui des secondes est presque à créer. Enfin il faudra trouver un moteur spécial pour nos routes ordinaires, qui nous permette de tirer de celles-ci le meilleur parti possible.

CHAPITRE VII

LES TRAMWAYS

I. — CONSTRUCTION DES CHEMINS DE FER SUR LES CHAUSSÉES.

A. — *Période préliminaire.* — Chemin américain Loubat : Versailles, Saint-Cloud, Rueil. — Chemin de fer *intra muros* du siége de Paris.

Les avantages que présente la traction sur voie fer-rée comparés à la traction sur chaussée empierrée ou pavée ont depuis longtemps porté à rechercher les moyens de transformation compatibles avec le main-tien de la circulation ordinaire. Les voies publiques présentent une plate-forme tout établie; l'infrastruc-ture n'est plus à faire : il n'y a plus ni terrassements ni ouvrages d'art à exécuter; il ne reste que la su-perstructure, la pose de la voie seulement.

Le mot de *tramway* vient de *tram* (rail plat) et est appliqué aujourd'hui à tous les chemins de fer établis sur routes, quelle que soit d'ailleurs la forme du rail, quel que soit aussi le mode de traction employé. Il est opposé à celui de *railway* réservé par les An-glais aux chemins à rail saillant, qui, d'ordinaire, ne permettent pas la circulation de niveau des véhicules ordinaires.

Le premier tramway établi en France date de 1853. Il est dû à M. Loubat, qui, après un long séjour en Amérique, installa à Paris le chemin à ornière de la place de la Concorde à Passy, auquél on donna tout d'abord, à cause de son origine, le nom de chemin de fer américain. Ce premier tronçon fut prolongé ensuite jusqu'à Versailles d'un côté, et jusqu'au rond-point de Boulogne de l'autre, à la porte de Saint-Cloud, aidant ainsi au transport des nombreux promeneurs qui affectionnent les parcs de ces deux résidences princières. Le chemin de la station de Rueil à Bougival et à Port-Marly date à peu près de la même époque. La traction sur ces deux lignes s'opérait au moyen de chevaux, ainsi que cela a lieu encore aujourd'hui sur celles de Versailles et de Saint-Cloud. Plusieurs années s'écoulèrent sans que la longueur des tramways augmentât en France. On semblait redouter l'établissement de chemins de fer sur les voies publiques des grandes villes, on appréhendait la gêne que la circulation de véhicules de grandes dimensions suivant une direction obligée imposerait aux autres voitures. Il fallut que la guerre et l'investissement de Paris vinssent détruire les craintes mal fondées qui existaient dans les esprits pour que l'on se décidât à suivre les Américains dans la voie où ils étaient entrés avec tant d'ardeur depuis de longues années.

Pendant le siége de Paris, une voie de fer avec rails ordinaires avait été placée sur le boulevard *intra*

muros qui entoure les fortifications. Cette voie servit
à des transports nombreux; des trains de matériel,
d'approvisionnements de différentes natures y circu-
lèrent pendant plusieurs mois, traversant les grandes
artères qui pénètrent dans la ville et qui, pour être
moins fréquentées à cette époque qu'elles ne le sont
aujourd'hui, ne laissaient pas que de présenter encore
une circulation très-importante. On s'accoutuma à
voir ainsi aller et venir des trains au milieu des voies
publiques, et l'on remarqua que si à ces trains on
substituait des voitures isolées, à ces machines des chevaux, on pourrait, sans plus d'inconvénient, pénétrer
plus avant dans la ville, faciliter les relations avec la
banlieue, les déplacements même à l'intérieur. Un
conseil municipal nouveau, désireux de se faire bien
venir de la population qui l'avait appelé aux affaires,
se montra favorable aux désirs du public, et l'on vit
surgir, comme par enchantement, une quantité de
projets d'établissements de tramways. De Paris, cette
fièvre gagna la province, puis bientôt l'étranger, et la
longueur des tramways alla se développant avec rapidité.

B. — **Développement des tramways à Paris, en province et à l'étranger.**

La longueur actuelle des tramways en exploitation
à Paris se subdivise de la manière suivante :

Chemins de fer parisiens (tramways-Nord) . .	57 kilomètres.
Tramways de Paris (réseau Sud)	60 —
Compagnie générale des omnibus.	67 —

(non compris les voies ferrées provenant de la concession Loubat, et qui comprennent les lignes de Boulogne et de Saint-Cloud, de Sèvres et du Louvre à Vincennes.) C'est-à-dire près de 200 kilomètres (intra et *extra muros*).

Il est hors de doute que cette longueur s'accroîtra encore et que de nouvelles lignes et de nouveaux raccordements de lignes existantes entre elles viendront s'ajouter à celles-ci.

Les principales villes de province, suivant cet exemple, sont déjà pourvues de tramways; Lille a été l'une des premières. Rouen emploie la traction à vapeur. D'autres villes sont déjà sillonnées, ou sont à la veille d'être sillonnées de voies de fer : Versailles, Roubaix, Tourcoing, Montpellier, Bordeaux. Strasbourg vient d'autoriser la circulation des machines au travers de la ville.

A l'étranger : Londres, Bruxelles, Vienne, Édimbourg ont été dotées de tramways dès l'origine de l'importation en Europe de ces nouvelles voies de communication. Berlin, Hambourg, Wiesbaden, Cassel, Genève, Zurich, Milan, Naples, Turin, Gènes, Constantinople même, ont aussi ou vont avoir leurs tramways.

Ce grand mouvement date de six ou sept ans à peine. Il a été lent à se produire, mais à voir la faveur qui l'accueille, on a tout lieu de supposer qu'il n'est pas prêt de s'arrêter. Et l'on peut prévoir qu'après avoir satisfait aux intérêts des villes, il s'étendra aux campagnes et donnera naissance à l'organisation sur les routes de services mixtes de voyageurs et de marchandises.

Le mode de construction des tramways varie peu. Il consiste, en général, dans l'emploi d'un rail à ornière en fer fixée sur une pièce de chêne longitudinale, enchâssée dans le cailloutis ou entre les pavés de la chaussée. Les deux files de rails sont maintenues à distance constante l'une de l'autre au moyen d'entretoises en bois. La largeur de l'ornière varie de $0^m,032$ à $0^m,04$ de manière à permettre le passage, sans trop de frottement dans les courbes, du boudin des roues, sans que les roues des voitures ordinaires puissent y pénétrer.

La largeur de la voie est la même que celle des voies ferrées ordinaires : $1^m,44$; cependant on a employé aussi l'écartement de $1^m,54$, dans le but de faciliter le passage entre les deux rails des deux chevaux qui traînent la voiture.

La plupart des tramways sont à deux voies. Les lignes dont la fréquentation est faible n'ont qu'une seule voie, avec des évitements de distance en distance, de manière à permettre le croisement des véhicules, s'il y a lieu.

L'emplacement qu'occupe la voie unique, ou les deux voies, sur la chaussée, est variable. Lorsque celle-ci est très-large, la voie de fer est placée au milieu, de manière à laisser aux voitures ordinaires le libre accès des habitations qui la bordent. Lorsqu'au contraire elle est très-étroite, il devient indispensable

Fig. 58. — Tramway à Vienne.

de la placer latéralement, de manière à ménager sur le côté opposé une largeur suffisante pour le passage des autres voitures.

Les rails des tramways pèsent généralement de 18 à 20 kilogrammes le mètre courant. Pour des lignes de peu d'importance, on peut admettre des rails de 15 kilogrammes.

Le prix de revient des tramways est assez variable. La voie Loubat coûtait à l'époque à laquelle elle a été établie 27 000 francs le kilomètre. Ce prix peut être abaissé à 20 000 francs, et même à 15 000 francs dans des conditions faciles et en employant des rails très-légers. On conçoit, en effet, que la nature de la chaussée dans laquelle le tramway doit être placé peut entraîner pour son rétablissement des dépenses très-élevées.

La ligne de l'Étoile au Trône, appartenant à la Compagnie générale des Omnibus, revient à 76 468 francs le kilomètre de voie double, soit à 38 234 francs le kilomètre de voie simple, y compris les raccordements des dépôts.

Nous avons indiqué le mode de construction le plus habituel des tramways. Il en est un autre de beaucoup préférable, quoique un peu plus coûteux, et dont l'application a été faite à Lille, par M. Coulanghon. Il consiste dans l'emploi d'un rail Vignole ordinaire, pesant 14 kilogrammes le mètre courant, et auquel on juxtapose un contre-rail de 11 kilogrammes dont le champignon est déjeté sur un des côtés, de telle sorte qu'en le tournant dans un sens ou dans l'autre

on obtient à volonté un écartement de 3 centimètres
pour les voies à voyageurs, ou de 45 millimètres pour
les voies mixtes sur lesquelles les wagons pesant 14
tonnes peuvent être admis. Ce vide permet l'échappement facile des poussières et des eaux. L'ornière reste
plus aisément libre et ne s'encombre pas des détritus
de la chaussée qui nuisent à la circulation du véhicule
en augmentant le frottement au passage des roues.
Les rails peuvent être placés sur traverses ou sur
longrines *ad libitum;* et la chaussée établie dans l'intervalle comme dans l'autre système. Ce n'est autre
chose que la disposition adoptée aux passages à niveau des voies ferrées ordinaires. Elle permet la transition facile de la voie établie sur une chaussée à celle
qui se place sur son accotement, en supprimant le
contre-rail et en laissant à la voie une saillie de $0^m,03$
à $0^m,04$ au-dessus de son ballast. Cette voie revient à
25 000 francs par kilomètre, y compris un mois d'entretien du pavage à la charge de l'entrepreneur.

On a expérimenté un rail en fonte, ayant la forme
d'un U renversé, et porté par des longrines, sur l'une
des lignes de tramway les plus fatiguées de la ville
d'Anvers. Il ne présente qu'une demi-ornière à la partie supérieure. L'avenir dira ce qu'il faut attendre de
cet essai.

Par contre, on a mis en service, à Glasgow, un rail
en acier, imaginé par MM. Aldred et Spielmann de
Londres. Ce rail peut se retourner, se poser facilement
et les remplacements peuvent être effectués sans in-
terrompre la circulation des voitures. Ce rail est

maintenu au moyen d'un renflement venu de fonte .
avec le coussinet qui sert de support et, du côté opposé au moyen d'un coin en bois, qui fonctionne
avec le coussinet comme une éclisse ; il n'y a pas de
trous à percer.

Pour effectuer les retournements, il n'y a que
quelques pavés à enlever de part et d'autre des coussinets.

II. — VOITURES DES TRAMWAYS.

A. — Différents modèles adoptés par les Compagnies de tramways.

Les véhicules employés sur les tramways sont généralement de deux espèces, dont les types nous son
fournis : pour l'un, par les grandes voitures de la
Compagnie générale des Omnibus de Paris ; pour
l'autre, par les petites voitures de la Compagnie des
chemins de fer parisiens (Tramways-Nord).

La différence essentielle consiste dans le nombre
des places, qui est de 26 à l'intérieur ou sur la plate-
forme, et de 22 sur l'impériale des voitures de la
Compagnie des Omnibus, soit 48 places, et qui n'est
que de 16 à l'intérieur et de 8 sur chacune des plates-
formes des voitures des tramways Nord, dépourvues
d'impériale, soit 32 places. Les premières n'ont
qu'une plate-forme et un escalier à l'arrière ; le siége
du cocher étant placé à la partie supérieure comme
dans les voitures ordinaires. Les secondes sont absolument symétriques : une plate-forme est ménagée à
chaque extrémité ; le cocher se tient généralement

debout, il a devant lui la manivelle du frein. Il résulte de cette disposition qu'à chaque extrémité de ligne les grandes voitures doivent être tournées, tandis que les petites, attelées dans un sens pour l'aller, sont attelées en sens inverse pour le retour.

Les voitures de la Compagnie des tramways de Paris (réseau Sud) sont un peu plus petites que les premières décrites et plus grandes que les secondes. Comme les unes, elles ont une impériale ; comme les autres, elles sont complétement symétriques et le cocher, qui se tient à la partie inférieure, alterne à chaque voyage avec le conducteur chargé de la perception. Elles ont 46 places, dont 12 de plate-forme au lieu de 6 seulement.

En Amérique, où la tendance est toujours de simplifier, où l'on cherche sans cesse à supprimer les organes inutiles, le conducteur fait défaut. Une boîte spéciale est disposée à proximité du cocher. Le voyageur y dépose, ou y fait déposer par un voisin le prix de sa place ; l'argent, en trébuchant sur une tablette métallique, est compté par le cocher. Il n'y a pas de monnaie à rendre, pas de correspondance à donner, et les fraudes, dit-on, sont très-rares. Pourrions-nous nous flatter d'en faire autant?

Quel est celui des deux types de voitures : grand ou petit, avec ou sans impériale, qui est le meilleur?

Cette question a donné lieu aux plus vives controverses. D'une manière générale, on peut dire que le choix doit être déterminé par les circonstances dans lesquelles on est placé, par les habitudes des populations à desservir. La Compagnie des tramways-Nord a défendu longtemps le système de la voiture de petite contenance : elle se fondait sur l'inconvénient de traîner un poids mort plus considérable aux heures creuses de la journée et sur les exemples tirés de l'étranger. Certaines personnes sont d'avis qu'il est préférable d'avoir un plus grand nombre de voitures que d'avoir des voitures de plus grandes dimensions. Aujourd'hui, la Compagnie des tramways-Nord revient sur sa manière de voir et reconnaît que l'inconvénient de traîner inutilement un poids mort à certaines heures est plus que racheté par l'avantage d'enlever à d'autres heures des masses plus considérables de voyageurs. Elle a reconnu qu'à certains jours elle laissait aux stations un grand nombre de personnes que l'exiguité des voitures ne permettait pas de transporter, et elle est maintenant convaincue que la voiture à impériale est dans les vœux de la population parisienne. Elle a constaté enfin sur une de ses lignes des augmentations de 18 à 50 pour 100, soit de 36 pour 100 en moyenne, dans ses recettes obtenues au moyen des voitures à impériales. Les chevaux doivent être plus forts à la vérité, et naturellement plus chers sous le rapport du prix d'achat et de la nourriture ; mais, tout compte fait, l'avantage que présente l'emploi des grandes voitures est certain.

La construction des voitures de tramways n'offre, d'ailleurs, aucune particularité très-remarquable. Elle tient à la fois de celle des omnibus ordinaires et de celle des wagons. Appelées à circuler à des vitesses

moindres que ceux-ci, elles sont construites plus légèrement : les roues, les essieux qui les portent sont
beaucoup plus faibles. Le frein mis à la portée du
cocher est plus puissant et d'une action plus prompte
que celui des omnibus ordinaires. La Compagnie des
omnibus a laissé à l'essieu d'avant de ses voitures la
faculté de se mouvoir au passage des courbes de petit
rayon. Elle a obtenu ce résultat au moyen de deux
petits segments de cercle disposés sous les longerons
de caisse de chaque côté de la voiture et contre lesquels glissent deux pièces reliées aux ressorts de suspension et à l'essieu lui-même. Le timon de la voiture, à l'entrée de la courbe et sous l'action des
chevaux qui la suivent décrit un angle ; le mouvement
est transmis à l'essieu qui se déplace à son tour, et ce
déplacement empêche la production du frottement qui
résulterait du maintien du parallélisme des essieux.

Quant à l'intérieur des voitures, il présente plus
de confortable que celui des omnibus : places plus
spacieuses, couloir plus large et plus élevé, ouvertures ménagées pour un aérage facile, stores pour garantir du soleil, dispositions de nature à gagner complétement la faveur du public.

B. — Résultats de l'exploitation des tramways par la Compagnie des omnibus. — Importance du mouvement parisien en omnibus, sur terre et
sur rails.

Il y a lieu de faire connaître par quelques chiffres
l'importance d'une des exploitations de tramways de
Paris, de la Compagnie des Omnibus.

Le nombre maximum des voitures de tramways mises en service par cette compagnie en 1877 a été de 88.

Chacune de ces voitures a parcouru en moyenne, par jour, 92 kilomètres 813 mètres. Les 48 voitures employées journellement ont fourni 4451 kilomètres par jour et 1 624 789 kilomètres pendant l'année entière.

L'effectif moyen des chevaux présents dans les écuries a été de 683 par jour, et le travail moyen des chevaux de rang et de relais a été, par jour, de 14 kilomètres 930 mètres. Pour chaque journée de voiture de tramway, le nombre moyen de chevaux, y compris ceux d'infirmerie, de labour, de corvée et d'inspection, a été de 14,65.

Le nombre des voyageurs transportés par les seuls tramways de la Compagnie des Omnibus a été, en 1877, de 14 839 570, soit 40 656 par jour, 847 par voiture et 50 par course.

La recette moyenne par voyageur a été de 0ᶠ16 63.

La recette moyenne réalisée par chaque kilomètre parcouru par les voitures a été de 1 fr. 52.

Il est intéressant de se rendre compte de l'accroissement réalisé par l'exploitation (omnibus et tramways) de la Compagnie des Omnibus depuis l'origine. Les chiffres suivants permettent d'en faire la comparaison :

	ANNÉES	
	1854	1877
Nombre maximum de voitures en service.	400	793
— de chevaux.	3.728	10.352
Nombre de voyageurs transportés . . .	34.000	129.511.105

Près de 130 millions de voyageurs! Ce chiffre est presque double du nombre de voyageurs transportés par tous les chemins de fer français réunis.

La Compagnie des Tramways-Nord a, de son côté, transporté 21 678 176 voyageurs. Ce qui donne environ 150 millions pour ces deux Compagnies. Quoique ce nombre ne comprenne pas celui des voyageurs transportés par la Compagnie des Tramways-Sud, il permet de se faire une idée de l'importance du mouvement de la population parisienne : il correspond à plus de 4 fois la population de la France!

C. — TRACTION DES TRAMWAYS. — Omnibus à vapeur d'Édimbourg. — Wagon-machine Évrard, Cabany et Cⁱᵉ. — Machine Loubat. — Locomotive à vapeur des Tramways-Sud, de Winterthur. — Locomotive à air comprimé Mékarski. — Locomotive à eau surchauffée, sans foyer, Franck. — Chemin de fer aérien de New-York.

La plupart des tramways en exploitation fonctionnent au moyen de chevaux. Dans les pays agricoles et à faible trafic, il peut y avoir intérêt à employer la traction animale. Mais dès que les transports ont une certaine importance, et que le charbon n'est pas grevé de frais exceptionnels, l'emploi des machines devient plus avantageux.

L'un des premiers essais qui ait été fait dans ce sens est celui d'un omnibus à vapeur employé à Édimbourg. La chaudière du système Field, le combustible et le mécanicien étaient placés dans un compartiment spécial à l'avant. Le mécanisme, formé de 3 cylindres, était à l'arrière. L'échappement de la fumée avait lieu par une cheminée qui passait sous la banquette de l'impériale et débouchait à l'arrière, de manière à éviter la projection des escarbilles sur les voyageurs.

L'Exposition de 1878 nous montre plusieurs spécimens de grandes dimensions de wagons-machines de cette espèce, mais qui sont plutôt destinés à des chemins de fer à faible trafic en rase campagne, ou à des voyages d'inspection sur les grandes lignes qu'à un service de tramways urbain ou suburbain. Ces voitures n'en sont pas moins remarquables, car elles offrent une solution intéressante du problème de l'association du moteur et du véhicule, problème qui ne peut manquer de se présenter lors de l'exploitation d'un grand nombre de lignes dont on prévoit déjà la construction.

On peut augmenter les dimensions de la voiture jusqu'à lui donner la longueur des wagons américains, couvrir et fermer l'impériale, établir des compartiments de différentes classes, faire porter la voiture sur des trucs, de manière à faciliter le passage dans les courbes de petit rayon.

Les wagons-machines Évrard (Compagnie belge) et Cabany et Cie sont composés de deux grands compartiments, l'un de première classe, l'autre de deuxième classe et d'un compartiment pour les bagages. La chaudière, avec foyer latéral, est placée à l'avant. Le mécanisme est disposé au-dessous du véhicule dans une sorte de bâche en tôle, amovible de manière à faciliter les réparations. On peut arriver, avec des voitures de ce genre qui n'exigent qu'un personnel restreint, à établir dans certains cas un service de voyageurs économique.

Dans d'autres cas, il y a avantage à maintenir une

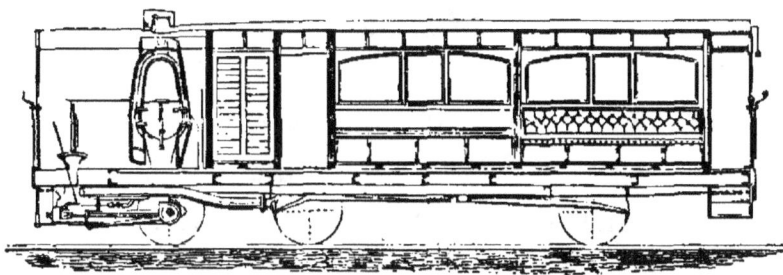

Fig. 59. — Wagons-machines Évrard et Cabany et Cie.

complète indépendance entre le véhicule remorqueur et le véhicule porteur. Une avarie se produit à la machine ou à la chaudière, il importe que le wagon ne soit pas paralysé.

L'une des expériences les plus anciennes qui ait été faite, d'une machine capable d'être appliquée au remorquage des trains sur les tramways et les chemins de fer sur routes, est celle de M. Loubat sur la route Nationale du pont de Neuilly à Courbevoie. Une voie fut établie sur un des accotements de la chaussée, et pendant plusieurs mois on circula sur cette portion de

route qui présente des déclivités dépassant parfois
0,04 par mètre. La machine ne présentait comme
disposition particulière qu'un jeu d'engrenages qui
permettait de réduire la vitesse au profit de la puissance lorsqu'on gravissait une rampe exceptionnelle.
Tout le mécanisme était enfermé dans un wagon
destiné à le soustraire à la vue des chevaux. Nous
n'avons pas ouï dire que cette machine ait été employée sur aucune ligne.

Mais l'expérience la plus importante qui ait été
faite est celle de la Compagnie des Tramways-Sud de
Paris sur les lignes de la Bastille à Montparnasse et à
Saint-Mandé (ouvertes les 9 août 1876 et 15 septembre 1877) et sur celle de l'Étoile à Montparnasse (ouverte le 12 avril 1876). L'exploitation par la vapeur
sur ces lignes a duré jusqu'au 28 février 1878, soit
près de deux années. Elle n'a été supprimée que parce
que la Société qui avait entrepris la traction à la vapeur réclamait une augmentation de prix qui n'a pas
paru pouvoir être acceptée.

La machine se composait d'une chaudière montée
sur un petit truc à quatre roues, entièrement couvert,
et la partie basse garantie par des écrans protecteurs.
Elle ne présentait d'ailleurs aucune particularité remarquable. Le sifflet était remplacé par une corne
placée entre les mains du chauffeur, qui fonctionnait
aussi comme aiguilleur aux changements de direction. Cette expérience a démontré la possibilité de se
servir de la vapeur pour remorquer des voitures de
tramways. Quelques accidents ont eu lieu, mais il est

habituel qu'ils se produisent au début de toutes les
entreprises nouvelles, et les chevaux se sont vite ha-
bitués, comme les gens, à voir circuler au milieu
d'eux des véhicules de forme nouvelle, dépourvus des
moteurs animés qui jusque-là avaient été seuls employés à les remorquer.

D'après la Compagnie des Tramways-Sud, il y aurait
lieu de tenir compte, dans l'établissement de la traction à vapeur, de l'augmentation d'usure de la voie et
du matériel qui serait très-considérable, et l'emploi
des machines ne serait avantageux qu'à la condition
que le prix soit suffisamment inférieur à celui de la
traction animale pour compenser cette augmentation
de dépenses.

Cette expérience de deux années, bien qu'elle n'ait
pas été continuée, a cependant porté ses fruits.

La Compagnie des Tramways-Nord vient d'organiser
un service nouveau sur la ligne de Courbevoie à l'É-
toile, au moyen des petites machines de Winterthur
(Suisse), établies sur les brevets Brown, par MM. L.
Corpet et Ch. Bourdon, constructeurs à Paris. Ces
machines présentent cette disposition remarquable
d'un cylindre placé au-dessus des roues et qui leur
communique le mouvement par l'intermédiaire d'un
balancier vertical placé entre elles. On évite ainsi les
inconvénients qui résultaient dans les machines où les
cylindres sont placés à la hauteur des roues toujours
très-basses, c'est-à-dire à quelques centimètres au-
dessus du sol, de la poussière et de la boue des chaussées sur lesquelles ces machines sont appelées à cir-

culer. Ces machines sont légères, d'une marche régulière, faciles à arrêter et à mettre en marche, ne donnent ni bruit, ni fumée. Une expérience de plusieurs mois les a rendues populaires à Genève, où elles fonctionnent sur les tramways de la ville. Aux jours de fêtes, elles enlèvent de six en six minutes deux voitures attelées, à impériale couverte, et conte-

Fig. 60. — Locomotive de Winterthur.

nant 92 voyageurs : un train en miniature, qui a déjà conquis la faveur des nombreux promeneurs du Bois de Boulogne et du Jardin d'acclimatation.

La Compagnie des Tramways-Nord ne doit pas limiter à cette ligne la substitution des moteurs mécaniques aux moteurs animés. Elle a traité avec M. Mékarski pour l'établissement de la traction au moyen

des machines à air comprimé de son invention sur les
lignes de Saint-Denis à la place Moncey et à la place
Jessaint et sur leurs prolongements éventuels.

L'air comprimé au moyen des machines fixes (30
chevaux sont nécessaires par locomotive à charger en
une heure : 3 kilogrammes de houille par kilomètre
parcouru) est emmagasiné dans un réservoir en tôle
de $0^m,014$ d'épaisseur éprouvé à 35 atmosphères et
porté sur un truc à 4 roues. Il faut 5500 litres d'air
pour remorquer 45 à 50 voyageurs. Cet air est distri-
bué aux cylindres par un détendeur automatique, qui
rend la puissance développée indépendante de la dé-
croissance de la pression et permet de faire varier
cette pression suivant la résistance à vaincre. L'air
comprimé barbotte, au sortir du réservoir, dans de
l'eau portée à 160° au départ et arrive aux cylindres
chaud et saturé de vapeur, ce qui permet de le faire
agir avec détente. La dépense d'air comprimé est de
1 kilogramme par tonne de train et par kilomètre parcouru, et l'approvisionnement au départ sous une
pression de 30 atmosphères, à 15°, pèse 200 kilogrammes. Le poids du train est de 12 tonnes et la
machine peut faire 15 kilomètres sans être chargée de
nouveau. Elle peut gravir des rampes de $0^m,05$ par
mètre avec une voiture et de $0^m,03$ par mètre avec
2 voitures. Elle ne donne ni bruit, ni vapeur, ni fumée; elle se trouve donc exempte des inconvénients
que présente la plupart des machines à vapeur employées au centre des villes. Elle est, en outre, munie d'un frein à vapeur et à eau combinées agissant

sur les quatre roues et qui assure un arrêt aussi prompt qu'on puisse le désirer, même en vitesse et sur les déclivités prononcées.

Le difficile problème de la traction mécanique sur les tramways et les chemins de fer routiers a reçu une autre solution et donné naissance à de nouvelles machines, dans lesquelles on s'est proposé d'éviter tous

Fig. 61. — Locomotion sans foyer, système Franck.

les inconvénients résultant du chauffage en cours de route : projection de fumée, d'escarbilles, lueur pendant la nuit, etc. Ces machines ont reçu le nom de locomotives sans foyer.

L'invention du docteur Lamm, qui a servi de point de départ aux perfectionnements de M. Franck, est appliquée à la Nouvelle-Orléans depuis 1872, et produit, dit-on, une économie de 33 pour 100 sur l'emploi des chevaux. Elle consiste dans l'emmagasinement de la force motrice dans l'eau surchauffée. Cette eau se transforme en vapeur pendant le trajet et la pression s'abaisse de 15 à 5 atmosphères, chaque kilogramme d'eau fournissant 1790 kilogrammètres à la jante des roues. L'eau est réchauffée rapidement durant l'arrêt par l'injection d'un courant de vapeur à haute pression débité par un générateur fixe.

« Avec ce système, dit M. Malézieux, ingénieur en chef des ponts et chaussées, il n'y a plus d'explosions à craindre, pas de chances d'avaries pour la chaudière, pas de variations dans la température occasionnée par l'inexpérience du chauffeur, point de foyer lumineux, ni d'escarbilles incandescentes pour effrayer les chevaux le soir dans les rues fréquentées, pas de flammèches ni de fumée, arrêts immédiats sans secousse, démarrage rapide. Un cocher quelconque peut remplir les fonctions de mécanicien. »

Les machines de ce système ont été adoptées par le chemin de fer routier de Rueil à Marly et les tramways de Paris, Sèvres, Versailles, Montpellier, etc.

On voit donc que, née depuis quelques années seulement, la question de la traction mécanique sur les tramways a rapidement progressé. Les difficultés que l'on considérait au début comme des obstacles infranchissables ont été vaincues, ou n'ont plus arrêté quand le but a été presque atteint. Aujourd'hui les municipalités, désireuses de marcher à l'avant-garde du progrès, vont même jusqu'à faire de l'emploi d'un moteur spécial l'objet d'une obligation pour les Compagnies auxquelles elles concèdent l'établissement des tramways.

C'est ce qui vient de se produire à Zurich, ville populeuse et à rues étroites. C'est ce qui a lieu à Genève, où, aux jours de fête, on attèle jusqu'à trois voitures derrière une petite locomotive. La traction mécanique va être adoptée à Strasbourg, à Rouen, à Cassel, et bientôt à Berlin.

D'ailleurs, lorsque les chaussées elles-mêmes des villes ne suffiront plus à l'établissement des tramways, lorsque le sous-sol ne permettra pas, à moins de trop grandes difficultés, l'établissement de chemins souterrains, comme ceux qui existent à Londres, on procédera comme on l'a fait à New-York et on fera un chemin au-dessus de la chaussée. L'essai du *Metropolitan elevated railroad*, ou chemin de fer aérien métropolitain établi dans cette ville, date du 1er mai 1878. Une locomotive a été hissée sur la voie. On a atteint une vitesse moyenne de 24 kilomètres à l'heure dans les parties en ligne droite ; dans les courbes, cette vitesse a été réduite à $9^k,500$. L'ouverture à l'exploitation a eu lieu au commencement de juin 1878, et, depuis cette époque, les trains se succèdent à des intervalles de 3, 5 et 6 minutes, de six heures du matin à huit heures du soir. Plus tard, les trains circuleront jusqu'à minuit et même au delà.

Comme on le voit, nous sommes en France moins avancés qu'on ne l'est en Amérique !..

CHAPITRE VIII

LES VOITURES A VAPEUR

A. — Les voitures à vapeur avant l'époque actuelle. — Opinion
des ingénieurs sur la locomotive routière.

Nous avons vu, au commencement du chapitre pré-
cédent, que l'honneur des premiers essais tentés pour
remorquer un véhicule sur une route ordinaire à l'aide
de la vapeur, revient à l'officier français Cugnot. Ces
essais datent de 1763. Nous avons rapidement décrit
sa machine et fait connaître ses nombreuses imperfections. Il était impossible, en effet, de construire, à
cette époque, une machine ne laissant rien à désirer.
En supposant que l'inventeur ait eu cette puissance
créatrice supérieure, qui sait triompher des plus
grands obstacles, il n'aurait pas possédé l'art de travailler les métaux, de les forger, de les tourner, de
les limer, de les approprier par des manipulations
diverses aux usages auxquels ils sont destinés, ce que
la pratique seule peut donner. Cugnot ne pouvait donc
construire qu'une voiture imparfaite.

Trente ans se sont écoulés, et c'est seulement en
1801 que Trewithick et Vivian ont repris la question
de la locomotion sur les routes.

La voiture pour l'invention de laquelle ces constructeurs ont pris un brevet, était un tricycle comme
celle de Cugnot. Entre les roues de derrière, de
grand diamètre, se trouvait le foyer entouré d'eau
de tous côtés. La vapeur agissait dans un long cylindre, dont le piston mettait en mouvement un système
de bielles, de manivelles et de roues dentées, reliées,
à l'essieu d'arrière. Un volant, monté sur l'arbre de la
première roue dentée, aidait à surmonter les obstacles
du chemin ; un frein, appuyé contre la jante de ce
volant, servait à ralentir la marche du véhicule aux
descentes rapides.

La roue d'avant était montée sur une fourche à
laquelle s'attachait un levier faisant fonction de gouvernail.

La caisse, destinée à contenir des voyageurs, était
placée entre les deux roues d'arrière, au-dessus du
mécanisme.

Mais cette voiture n'était appelée, comme celle de
Cugnot, qu'à marquer une nouvelle étape dans la voie
qui devait conduire à l'invention des locomotives. On
ne put en tirer parti ; il fallut l'abandonner. Les constructeurs trouvèrent plus commode de triompher des
difficultés du problème en les négligeant et de surmonter les aspérités des routes en plaçant leurs
nouveaux véhicules sur une voie ferrée, unie et résistante.

On alla presque jusqu'à déclarer le problème impossible, et c'est avec un étonnement toujours nouveau que nous relisons ces lignes par lesquelles M. Perdonnet, qui a si puissamment aidé aux progrès des voies ferrées, termine son *Traité des Chemins de fer* :

« Il faudrait, pour qu'on pût se servir avec quelque avantage des locomotives sur les routes ordinaires : 1° que le tracé en remplît à peu près les mêmes conditions que celui des chemins de fer, ce qui en rendrait l'établissement excessivement coûteux ; 2° qu'on les maintînt dans un état d'entretien tel, que la surface en restât presque aussi unie que celle d'un chemin de fer, ce qui serait aussi fort dispendieux, si ce n'était absolument impossible.

« Aussi a-t-on définitivement, en Angleterre comme en France, abandonné les essais tentés dans le but d'employer les locomotives sur les routes ordinaires. »

Il est incontestable que si les locomotives routières ne pouvaient exister qu'aux conditions posées par M. Perdonnet, on ne devrait pas prétendre les voir jamais autre chose qu'un objet de curiosité; mais rien n'implique que le problème de la locomotion routière ne puisse recevoir une autre solution que celui de la locomotive sur voie ferrée, et nous croyons qu'il faut bien se garder de poser des barrières aux conquêtes du génie industriel : ce qui est impossible aujourd'hui peut être reconnu possible demain.

B. — La question reprise. — Nouvelles recherches. — Les machines Lotz, Aveling et Porter, Larmanjat, Feugères, Bollée et Le Cordier.

Il y a des problèmes qui s'imposent naturellement et dont la solution, pour être tardive, ne demeure pas moins assurée. Le réseau des grandes voies ferrées, dites de premier ordre, est achevé en France et dans les pays avancés du centre de l'Europe ; celui des chemins de second ordre est également terminé ou sur le point de l'être ; enfin, on a mis la main d'une manière très-active à l'exécution des lignes du troisième réseau. On connaît les facilités que la loi avait créées pour la construction de ces nouvelles lignes, destinées à répondre plus spécialement aux besoins intercommunaux du pays.

Les résultats n'ont pas répondu complétement à l'espoir qu'elle avait fait concevoir ; mais il n'est pas douteux que des dispositions nouvelles ne viennent avant peu donner un nouvel essor au parachèvement du réseau ferré, si impatiemment désiré.

Il reste encore à satisfaire aux besoins locaux, aux besoins de l'agriculture et de l'industrie, aux parcours à petite distance ; il reste à utiliser, de la manière la plus profitable, un réseau de voies de communication empierrées, que les voies ferrées ont remplacées sur certains points et qui sont appelées désormais à devenir leurs auxiliaires.

Tel est le problème que les locomotives routières doivent servir à résoudre.

Les transports ne s'opéreront jamais, on ne peut y

prétendre, à des prix aussi bas que ceux en vigueur sur les chemins de fer, mais il est permis d'espérer des prix inférieurs à ceux du roulage, attendu que si l'on découvrait un moteur nouveau applicable aux routes et préférable aux locomotives, ce moteur serait immédiatement placé sur des rails et rendrait aux chemins de fer la supériorité qui leur est propre.

Au moment où l'on commençait les travaux de fon-

Fig. 62. — Locomotive routière Lotz remorqueuse.

dation du palais de l'Industrie, au Champ de Mars, en novembre 1865, une machine routière sortit des ateliers de MM. Lotz, constructeurs à Nantes, et vint à Paris.

Voici comment elle était construite :

La machine présentait trois parties distinctes : 1° la chaudière avec son foyer et sa cheminée ; 2° le mécanisme moteur ; 3° le train destiné à porter l'ensemble.

1° La chaudière était tubulaire comme celle des locomotives, le tirage était produit par le jet de vapeur dans la cheminée.

2° Le mécanisme moteur se composait essentiellement de deux cylindres placés à la partie supérieure de la chaudière, comme dans les locomobiles, et agissant sur un arbre transversal portant les excentriques de distribution, le volant et enfin un pignon

Fig. 63. — Wagon à voyageurs pour train routier.

denté qui transmettait le mouvement à la roue de droite au moyen d'une chaîne de Gall. Contrairement à ce qui a lieu dans les locomotives, les roues étaient mobiles sur les essieux, condition indispensable pour que la machine puisse tourner. Une des roues pouvait être rendue solidaire de son essieu au moyen d'un mécanisme spécial.

3° A l'avant de la machine, sur la partie antérieure du train qui forme la charpente de l'édifice locomoteur, se trouvait le gouvernail. Il consistait en une paire de petites roues (0^m,50 environ de diamètre), indépendantes sur un petit essieu relié au véhicule au moyen d'une cheville ouvrière. L'ensemble de ces deux roues était gouverné par un pilote à l'aide d'un système de pignon et de vis sans fin, et servait à diriger le véhicule.

Telle était la première machine routière de MM. Lotz.

Un wagon-omnibus à impériale s'attelait à la suite

Fig. 64. — Wagon à marchandises pour train routier.

et recevait les voyageurs. Nous avons assisté à un voyage d'essai de cette locomotive.

Ce train, composé de la machine et de son wagon, partit du pont de l'Alma et alla bravement franchir la montée du Trocadéro, en rampe de 0^m,04 environ par mètre. Il se dirigea vers la gare de Passy, s'arrêta au puits artésien de l'Arc de l'Étoile et redescendit par l'avenue des Champs-Élysées. Là, quelques chevaux, d'une nature trop nerveuse, s'effrayèrent au bruit de la machine, mais le plus grand nombre accueillirent en ami leur nouveau camarade, l'*Avenir*.

Comme on le voit, il y a loin déjà de ce véhicule au fardier de Cugnot et à la voiture de Trewithick et Vivian. Si le temps écoulé n'a pas produit d'œuvre nouvelle, il a du moins servi à la préparation des perfectionnements qui vont suivre.

La machine l'*Avenir* avait encore de nombreux défauts : elle était trop lourde, faisait trop de bruit, projetait de petits débris de charbons incandescents, tournait plus volontiers à gauche qu'à droite, etc., mais on ne pouvait plus dire que les locomotives routières étaient impossibles, et le gouvernement, convaincu des services qu'elles pouvaient rendre, prenait, le 20 avril 1866, un Arrêté concernant la circulation des locomotives sur les routes ordinaires.

Les locomotives routières avaient à peine vu le jour, qu'on reconnut la nécessité de créer des types, ainsi qu'on a fait pour les locomotives. MM. Lotz ont construit trois types de machines :

1° La locomotive routière remorqueuse ;

2° La locomotive routière mixte porteuse ;

3° La locomotive routière à voyageurs.

La première peut marcher à des vitesses variables de 4 à 8 kilomètres, en charge, et de 8 à 12 kilomètres, à vide.

La seconde peut prendre les mêmes vitesses. Ses dispositions ne diffèrent de celles de la précédente qu'en ce qu'elle peut recevoir directement une charge variable de 3,000 à 6,000 kilogrammes.

Enfin, la dernière est, à proprement parler, la voiture à vapeur, et porte les voyageurs en même temps que le moteur. Sa vitesse est variable, suivant les conditions, de 10 à 20 kilomètres.

En trois ou quatre ans, MM. Lotz ont considérablement modifié leur système primitif de locomotive routière. Ils ont remplacé la chaudière horizontale par une chaudière verticale et les deux cylindres à vapeur par un seul. Ils ont ainsi reporté la plus grande partie de la charge sur les roues motrices et laissé au mécanicien une plate-forme étendue par laquelle il communique aisément avec le pilote, ce qui, dans la première machine, était presque impossible. Trois pignons, de diamètres variables, peuvent donner trois vitesses différentes ; un volant régularise la marche de la machine. Ces dispositions permettent de triompher des inégalités du chemin et des obstacles accidentels et de gravir les parties en rampe.

Indépendamment de la pompe et de l'appareil Giffard, qui assurent l'alimentation, une pompe à eau spéciale peut être mise en mouvement par le cylindre moteur, la machine étant au repos, et servir à son approvisionnement en un point quelconque de sa route. Au départ ou à l'arrivée, la force de la machine peut, de même, être appliquée à la manœuvre de grues ou d'appareils de chargement, et, en cas de chômage des transports, à la mise en mouvement d'un atelier mécanique ou de machines agricoles.

Il est très-remarquable assurément qu'à peine la locomotive routière construite, alors qu'elle ne satisfait encore qu'incomplètement aux données du problème qu'elle est appelée à résoudre, on cherche à en faire

un instrument aussi souple que le cheval, dont la force
se prête à des usages si divers. Le moyen est à coup
sûr excellent pour lutter contre les préjugés que rencontre toujours une machine nouvelle. Mais ne vau-
drait-il pas mieux chercher tout d'abord la locomotive

Fig. 65. — Locomotive routière à voyageurs.

routière parfaite, ce qui doit être le *desideratum* des
constructeurs, pour l'approprier ensuite aux exigences
nouvelles et spéciales auxquelles il conviendra de la
soumettre.

Nous ne nous arrêterons pas aux détails, et nous ne
dirons rien des roues, des freins, des leviers de sûreté
ou de reculement placés à l'arrière de la machine et

destinés à arrêter le mouvement de recul de celle-ci, s'il venait à se produire par suite de la rupture d'un de ses organes ou de la négligence de ceux qui la dirigent, alors qu'elle gravit une rampe.

Nous mentionnerons seulement la substitution qui a été faite d'une roue unique directrice au système des deux roues de la première locomotive. Cette roue est plus solidement fixée au bâti de la machine, sa manœuvre est plus facile et les tournants ou les coudes sont franchis aisément.

Telles sont les dispositions principales des machines routières remorqueuses de MM. Lotz.

Disons ce qu'elles coûtent ; tandis que le prix des premières varie de 11,000 à 19,000 francs, celui des dernières n'est que de 4,000 à 5,000 francs.

La comparaison des frais de transport par locomotive routière et par chevaux s'établit aisément. Voici les chiffres fournis par MM. Lotz, en supposant un transport journalier de 50 kilomètres par locomotive routière et de 50 kilomètres par chevaux (ce qu'il est possible de faire sans relai).

MATÉRIEL DE TRACTION.

Une locomotive routière avec tous ses accessoires.	15,000 fr.	»
Quatre voitures ou wagons, à 1200 fr. l'un	4,800	4,800 fr.
Installations diverses	500	»
Seize chevaux, à 700 fr. l'un. . .	»	11,200
Seize harnais et accessoires. . . .	»	2,800
Total du prix du matériel . . .	20,500 fr.	18,800 fr.

Le prix de premier établissement de la locomotion mécanique est plus élevé que celui de la locomotion animale, mais l'économie ressort de la comparaison des frais annuels : il faut nourrir les chevaux tous les jours et à peu près aussi confortablement les jours de repos que les jours de travail, tandis qu'il n'y a rien à dépenser pour la locomotive lorsqu'elle est sous la remise. Elle ne coûte donc que lorsqu'elle marche.

Voici les chiffres :

FRAIS ANNUELS.

25 p. 100 amortissement et entretien du matériel.	5,075 fr.	4,700 fr.
6 p. 100 intérêt du capital . . .	1,218	1,128
Un mécanicien à l'année.. . . .	1,800	»
Un conducteur et un chef de train serre-frein.	2,500	»
Nourriture de 16 chevaux, à 1000 fr. l'un.	»	16,000
Quatre charretiers à 1200 fr. l'un.	»	4,800
Total des frais annuels. . .	10,593 fr.	26,628 fr.

Pour la traction à vapeur, il faut ajouter par jour de marche :

500 kilogr. de charbon à 36 fr. . .	18 fr.
Huile, suif, coton, etc.	5
Total.	23 fr.

Les données qui précèdent conduisent aux chiffres suivants :

NOMBRE DE JOURS DE SERVICE PENDANT L'ANNÉE.	A VAPEUR. 20 tonnes, 50 kilomètres.		PAR CHEVAUX. 20 tonnes, 50 kilom.	
	Par jour.	Par tonne et par kilom.	Par jour.	Par tonne et par kilom.
150 jours, soit 3000 f.	70f,62+23f = 93f,62	0f,094	177f,52	0f,295
250 jours, soit 5000 f.	42 ,57+23 = 65 ,37	0 ,065	106 ,51	0 ,177

Il résulte de ce tableau que pour un service de 150 jours (5 mois) seulement par an, et pour un transport de 20 tonnes par jour, ce qui correspond au chargement de 2 à 3 de nos wagons de chemins de fer, le prix de revient de la traction à vapeur est plus de trois fois moindre que celui de la traction par chevaux.

Pour un travail de 250 jours, le prix est encore près de trois fois moins élevé.

Les Anglais ne se sont pas laissés devancer par nous dans la construction des locomotives routières ; l'usage de ces machines est aujourd'hui beaucoup plus répandu en Angleterre qu'il ne l'est en France : le charbon, chez nos voisins, remplace les pâturages et le métal se trouve à meilleur compte que les bêtes de traction.

MM. Aveling et Porter, de Rochester (Kent), se sont spécialement occupés de la construction des machines routières et des appareils de culture à vapeur.

Leur machine diffère notablement de celle de MM. Lotz, et nous devons en donner la description. Ce n'est plus un tricycle, mais une voiture à cinq roues. La chaudière n'est plus verticale, elle est horizontale et porte à la fois sur les roues motrices placées à l'arrière et sur l'avant-train. Un double système d'engrenages lui permet de marcher à deux vitesses différentes : 3 à 4 kilomètres à l'heure en charge et 5 à 6 kilomètres à l'heure à vide. Elle n'a qu'un seul cylindre comme celle des constructeurs français, mais il est horizontal et se trouve placé à l'avant de la chaudière. Les roues motrices ont 1^m,974 de diamètre et 0^m,457 de largeur de jante. On a ménagé sur ces dernières des trous pour y placer au besoin des chevilles-crampons qui aident à passer sur les terrains mous. Les mouvements de rotation des deux roues motrices sont indépendants, ce qui facilite le passage des tournants très-courts. Un frein puissant se trouve sous la main du mécanicien et un pilote, placé sur l'avant-train formant tricycle, tient la tige directrice à l'aide de laquelle il oriente le disque d'avant. Celui-ci ne porte sur le sol que par son poids, et sa manœuvre est à ce point facile qu'un enfant peut en être chargé.

D'après MM. Aveling et Porter, l'économie résultant de l'emploi de leur machine est de près des deux tiers de la dépense de la traction par chevaux, tout en admettant 30 pour 100 par an, pour intérêt, amortissement et entretien du matériel.

Nous venons de faire connaître sommairement deux des principales locomotives routières, l'une française, l'autre anglaise, qui ont été l'objet des expériences les plus sérieuses de la part des ingénieurs des deux pays et qui ont fourni les meilleurs résultats. Un grand nombre d'autres constructeurs ont exposé, en 1867 et dans les concours de ces dernières années, des ma-

chines de leur fabrication, qui se rapprochent plus ou
moins de celles que nous avons décrites. Ce sont
M. Pilter, MM. Clayson, Shuttleworth et Cie, M. Ran-
somes, M. Underhill et MM. Albaret et Calla. Nous ne
nous y arrêterons donc pas.

Mais nous ne devons pas passer sous silence la machine de M. Larmanjat, en raison des particularités
qu'elle présente et qui consistent essentiellement dans
un système de leviers, à l'aide duquel on peut faire
porter à volonté le véhicule sur les roues du premier
ou sur les roues du second essieu, de différents diamètres. Les roues qui ne sont pas en prise à un moment donné fonctionnent comme volants. Il résulte de
cette ingénieuse disposition que lorsqu'on est en
palier, on utilise les roues de grand diamètre et on
marche à la vitesse de 16 à 18 kilomètres à l'heure.
Lorsqu'au contraire on gravit une rampe ou un passage difficile, on emploie les petites roues et on marche
avec une vitesse de 7 à 8 kilomètres seulement. Mais
cette disposition n'est applicable, on le conçoit, qu'à
uns machine de faible poids, remorquant, par conséquent, de faibles charges. On ne peut donc l'utiliser
que dans la construction des locomotives routières.
destinées au transport des voyageurs.

Un autre constructeur, M. Victor Feugères, a imaginé une locomotive routière, dite : moteur-porteur,
qui diffère essentiellement des précédentes par les
principes qui ont présidé à sa conception. D'après cet
inventeur, l'adhérence doit toujours être en rapport
avec la charge à remorquer, eu égard aux rampes à

franchir ; la vitesse de la machine doit être en raison inverse de cette charge et le mouvement doit être donné aux roues directrices de l'avant-train et non à celles de l'arrière-train.

M. Feugères compose un avant-train suspendu sur ressorts et porté sur deux roues motrices à action solidaire, ou indépendantes à volonté, qui reçoivent le mouvement de quatre cylindres, groupés deux à deux, disposés à effet contraire et actionnant deux arbres contigus, à mouvements indépendants. Selon la vitesse, à laquelle on veut marcher, la transmission est directe, ou s'opère au moyen d'une chaîne. Signalons enfin la chaudière, qui est verticale et à système inexplosible, avec retour de flamme et, comme détail intéressant, les barres à crémaillères que le conducteur tient de son siége et manie comme le cocher d'une voiture ordinaire, selon qu'il veut avancer, s'arrêter, reculer ou tourner.

Cette machine est certainement l'une des plus intéressantes de celles qui ont été produites pour résoudre l'intéressant problème de la locomotion routière. Et si elle ne triomphe pas de toutes les difficultés qu'il présente, elle met au jour des idées nouvelles, dont la pratique ne peut manquer de tirer un parti avantageux.

M. A. Bollée a présenté à l'Exposition de 1878 deux machines : l'*Obéissante* (1873), grand break de promenade à 14 places, et la *Mancelle* (1878), calèche à 5 banquettes pouvant porter, outre le mécanicien, 8 personnes, dont une sert de pilote.

Le mécanicien se tient à l'arrière et s'occupe de la chaudière et donne ses soins à la machine. Le pilote, placé à l'avant, a sous la main le gouvernail, un robinet régulateur de vitesse, le volant du frein, le levier de changement de marche, les leviers de change-ment de vitesse ou de débrayage aux arrêts pour l'ali-mentation, enfin les clefs de purge des cylindres. Sous

Fig. 66. — Calèche à vapeur Bollée.

les pieds, il a deux pédales qui commandent l'intro-duction de la vapeur dans les cylindres de droite, ou dans ceux de gauche, ou dans les 4 cylindres à la fois.

La chaudière est du système Field.

Chaque paire de cylindres, dans la première ma-chine, actionne une des roues folles sur l'essieu. Des chaînes de Gall servent à la transmission des mouve-ments et un système d'engrenages à obtenir une augmentation de vitesse aux dépens de la puissance, ou inversement.

Les roues de devant sont directrices. Elles sont montées sur deux petits essieux indépendants, et peuvent pivoter sur elles-mêmes comme la roue d'avant d'un vélocipède. Les organes qui les commandent sont construits de telle façon que la roue de gauche, — si l'on veut aller à gauche, — devient plus oblique, par rapport à l'axe longitudinal du véhicule, que la roue de droite. Les positions prises simultanément par ces deux roues sous la main du pilote sont telles, que les petits essieux qui les portent, supposés prolongés, vont concourir en un même point de l'essieu d'arrière, qui devient pour un instant le centre général de rotation de tout le véhicule.

Grâce à la complète indépendance des quatre roues, il n'y a ni ripage, ni torsion, ni patinage ; la manœuvre est facile et les mouvements parfaitement souples, aussi bien dans la marche en avant que dans la marche en arrière.

La dépense de la première machine est de 4^k,500 de charbon et de 20 litres d'eau par kilomètre.

La seconde machine est un perfectionnement de la précédente. Sa consommation n'est que de 2 kilogrammes de charbon par kilomètre. Les roues d'arrière sont actionnées, non plus par quatre pistons, mais par un seul, dont la manivelle franchit le point mort sous l'influence d'un petit volant et grâce à un système d'engrenages coniques, produisant le mouve·ment différentiel dit de Pecqueur, chacune des roues d'arrière, sans cesser d'être indépendante de l'autre, reste motrice en courbe comme en ligne droite.

Tout le mécanisme, ainsi réduit à un très-petit volume, est renfermé dans une caisse en tôle, située à l'avant de la voiture et soustrait à la poussière. Les caisses et les chaînes du gouvernail de la première voiture sont remplacées par des bielles.

M. Le Cordier cherche, en ce moment, à mettre à profit les perfectionnements remarquables apportés par M. Bollée dans la construction des machines routières, en organisant sur les chaussées ordinaires des services pour le transport des voyageurs et des marchandises.

Il est à souhaiter que ses tentatives soient couronnées de succès.

C. — L'avenir de la locomotion routière à vapeur. — Usages actuels en agriculture, en industrie.

Nous avons fait connaître sommairement les principales machines routières aujourd'hui employées et décrit rapidement les organes dont ces machines se composent. Il nous reste à indiquer maintenant les principaux usages auxquels elles ont été jusqu'ici appliquées et ceux auxquels elles conviennent le mieux, puis à faire connaître les causes qui arrêtent, en ce moment leur perfectionnement et s'opposent à leur prompte adoption par l'industrie.

En général, les lourds transports à de longues distances sont ceux qui conviennent le mieux aux locomotives routières. Aussi les a-t-on employées avec succès

au remorquage des bateaux sur les canaux. Des machines ont circulé ainsi le long des canaux qui réu-
nissent Saint-Omer et Caen à la mer et ont fait un
excellent service.

Les briqueteries, les sucreries, les papeteries et généralement les industries qui mettent en œuvre ou produisent une grande quantité de matières lourdes, ont
intérêt à se servir de ces machines, qu'elles utilisent
fréquemment, au départ ou à l'arrivée, pour le chargement ou le déchargement des matières transportées. Les
mines, les houillères peuvent encore, dans certaines
circonstances particulières, utiliser ces précieux engins.
En Angleterre, en Irlande, les machines routières sont
employées avec avantage pour les travaux d'empierre-
ment de routes. La machine prend dans la carrière les
matériaux qu'elle va répandre aux points voulus et
dont elle règle ensuite la surface par son passage. Les
roues sont alors de larges cylindres compresseurs,
placés deux à l'avant, deux à l'arrière du véhicule et
suivant des frayées différentes.

Les locomotives routières ont été appliquées à l'en-
lèvement des vidanges. La même force, qui enlève les
matières de la fosse et les fait monter dans les tonneaux, est employée à remorquer ceux-ci et à les conduire en rase campagne. La désinfection est même
rendue inutile par un procédé ingénieux de combustion des gaz méphitiques. L'économie considérable et
les avantages de ce système contribueront, il faut
l'espérer, à en étendre l'usage.

Malheureusement, les vieilles habitudes ont de telles

racines qu'on ne peut les détruire qu'avec le temps
et à force de persévérance. Aussi, les transports agricoles s'exécuteront-ils pendant longtemps encore au
moyen des bêtes de trait. Dans la ferme, en effet, on
doit le reconnaître, le matériel existe et on ne peut at-
teler une locomotive routière à une charrette, comme

Fig. 67. — Machine routière avec grue.

on fait d'un cheval, d'un âne ou d'un mulet que l'on
tient à l'écurie, pour lequel on a toujours un peu de
fourrage, et qui, en échange, donne un fumier précieux. Tout petit agriculteur a, au moins, l'un de ces
animaux à son service, mais une locomotive routière
ne peut convenir qu'à une grande exploitation, qui a

de vastes champs à labourer, d'importants transports, des travaux de battage ou d'une autre nature à opérer. Aussi, croyons-nous que la locomotive routière ne viendra sérieusement en aide à la petite culture que le jour où, dans les campagnes, circuleront des entrepreneurs qui loueront leur matériel pour un temps ou pour un travail déterminé, comme ils louent

Fig. 68. — Rouleaux compresseurs.

déjà des machines à battre, des pressoirs ou des appareils de distillation portatifs durant le temps nécessaire à chacune de ces opérations.

Ainsi donc, en admettant la locomotive routière actuelle parfaite, nous voyons tous les obstacles qu'il lui faudra vaincre pour l'emporter sur les moteurs animés, utilisés en agriculture et en industrie. Et comme

elle est loin de la perfection ! Que de difficultés encore à surmonter ! Nous en ferons connaître quelques-
unes en raison de leur importance spéciale.

Les locomotives routières sont destinées à remplacer
le cheval et les autres bêtes de trait que nous connaissons, c'est-à-dire une grande variété d'animaux
appartenant à des races aux aptitudes diverses, capa-

Fig. 69. — Labourage à vapeur.

bles de prendre les uns une allure rapide en remorquant une charge légère, les autres une marche lente
en traînant une lourde charge, ceux-ci ne pouvant
marcher que sur une route en bon état, ceux-là ha-
bitués aux traverses et aux mauvais chemins, enfin
quelques-uns ne pouvant travailler que peu d'heures
par jour, d'autres capables, au contraire, de fournir
un travail prolongé. Et pour remplacer tous ces animaux, que propose-t-on ? Le plus souvent, une seule

Fig. 70. — Les messageries à vapeur.

et même machine, munie parfois d'engrenages qui permettent l'emploi de deux ou trois vitesses différentes et de roues dont la jante a une largeur constante et peut être garnie de nervures destinées à faciliter la prise avec le sol. Quelques constructeurs présentent différents types de machines. Tous compliquent le problème en construisant une machine capable de servir à d'autres usages qu'à la traction proprement dite, et la mettent souvent par cela même hors d'état de répondre d'une manière satisfaisante à la principale des fonctions qu'elle doit remplir.

Simplifier, c'est résoudre. Que l'on considère, en effet, les progrès accomplis dans la construction des machines à vapeur, ou mieux encore, dans celle des locomotives, et l'on reconnaît que c'est du jour où l'on a créé des types de machines pour telle ou telle nature de transport, sur une voie au profil plat ou accidenté, au tracé rectiligne ou tourmenté, enfin sur un programme simple et nettement défini, qu'on a perfectionné les machines employées jusqu'alors. Et combien le problème des locomotives routières est plus difficile à résoudre que celui des locomotives des des voies ferrées ; quelle complication résulte de la substitution de la route rugueuse et accidentée à la voie unie des chemins de fer ! Aussi, tandis que les types de locomotives sont nombreux, doit-on considérer comme très-considérable le nombre des types de locomotives routières à créer ?

D'où il suit que l'on ne doit attendre de perfection-

nements dans la construction de ces nouvelles machines que des compagnies assez puissantes pour
entreprendre ces essais multipliés et coûteux qui seuls
permettent d'arriver à un résultat sérieux.

Que des compagnies, comme les Messageries à vapeur, poursuivent la création du type de locomotives
routières propres au transport des voyageurs ; que la
compagnie des Omnibus recherche le type tout particulier de locomotive routière capable de s'accom-
moder à la circulation dans les grandes villes, que
des compagnies de transport encore à créer perfectionnent le type de la locomotive routière à marchandises, et, dans quelques années, la question sera
résolue ; mais il n'est pas possible que des industriels
risquent des ressources souvent très-limitées dans des
essais dont la durée est illimitée.

Voilà, croyons-nous, de quelle manière il faut espérer voir des améliorations sérieuses se produire.
Passant de cette considération générale aux questions
de détail, qu'il nous soit permis d'appeler l'attention
sur certaines dispositions adoptées d'ordinaire par les
constructeurs et qui nous semblent défectueuses.

L'une des plus grandes difficultés de la construction
des locomotives routières consiste dans l'établissement des deux mécanismes directeur et propulseur.
Sur les locomotives des voies ferrées, ce dernier seul
existe, l'action des rails sur les boudins des roues remplaçant le premier. Les moteurs animés, attelés à une
voiture, en dirigent la marche en même temps qu'ils
en produisent le mouvement. Il y a, de la part des

moteurs, simultanéité des deux actions directrice et propulsive. Pourquoi le plus grand nombre des locomotives routières ne satisfait-il pas à cette condition et comment prétend-on obtenir une action efficace d'un système de roues si légèrement chargées que la main du mécanicien seule suffit à le déplacer? Pourquoi ne pas chercher à commander ces deux roues du train d'avant comme un cocher commande ses chevaux, en leur imprimant à volonté des vitesses variables; et pourquoi ne pas faire des roues d'arrière, jusqu'ici motrices, de simples roues porteuses, comme celles des véhicules ordinaires? Nous posons une question, et nous ne la résolvons pas, mais nous croyons qu'avant d'abandonner un système généralement suivi, il faut voir s'il ne satisfait pas mieux que toute conception nouvelle au problème qu'on s'est donné, sauf à y renoncer définitivement si la pratique le démontre inacceptable.

Un fait qui, *a priori*, ne frappe pas l'attention, constitue cependant une des principales difficultés du problème à résoudre : nous entendons parler de la différence des nombres de tours effectués par les *quatre* roues du véhicule, qui oblige à l'indépendance complète des organes transmettant le mouvement et multiplie le nombre de ces organes. Ces quatre roues, faisant des nombres de tours différents, marchent avec des vitesses différentes, qu'elles reçoivent, en général, d'organes animés des mêmes vitesses, concourant tous à produire comme résultat unique : la progression du véhicule suivant une ligne qui varie à chaque instant avec les obstacles rencontrés.

Que l'on ajoute à cette première difficulté toutes les autres, moins graves à la vérité, de changement de vitesse suivant le profil du chemin ou l'état de sa surface, de maintien du niveau de l'eau dans la chaudière sur une pente quelconque, d'alimentation de la machine, d'arrêt rapide de celle-ci et du train qu'elle remorque, au moment de la rupture subite d'une des pièces du mécanisme, de bruit produit par le tirage dû au jet de vapeur, d'échappement des escarbilles par la cheminée, et on se fera une idée des efforts que doivent encore faire nos constructeurs pour perfectionner la machine routière.

Et encore, quelle masse énorme à remuer pour faire avancer un train relativement peu chargé! Quelle quantité de métal, de charbon et d'eau pour produire l'effet nécessaire! L'esprit admet avec peine que la production de la puissance exige l'accumulation et l'association de si grandes quantités de matières.

CHAPITRE IX

LES VELOCIPEDES

Instrument raide
En fer battu,
Qui dépossède
Le char tortu;

Vélocipède,
Rail impromptu,
Fils d'Archimède,
D'où nous viens-tu?

CH. MONSELET.

Nous ne pouvons terminer ce petit livre sans dire quelques mots des véloces en général, qui ont été l'objet d'un si grand engouement, pour lesquels on a monté des ateliers considérables, engagé des sommes folles, comme s'il s'agissait d'un véhicule capable de modifier profondément, ou de remplacer l'un de ceux dont nous nous servons depuis longtemps.

Un écrivain, qui s'appelle le Grand Jacques et dont la plume célèbre les prouesses du vélocipède, écrit:

« Le vélocipède est un des signes du temps.

« Après le coche, la diligence; — après la diligence, le chemin de fer; — après le chemin de fer, le vélocipède.... »

Si cette phrase n'était qu'un simple énoncé chrono-
logique, nous n'aurions rien à dire, mais elle vise plus
haut. Elle indique plus qu'un perfectionnement dans
l'art de la carrosserie, elle annonce un progrès dans
la science des moyens de transport.

Notre avis est qu'il ne faut pas attribuer à ces légers

Fig: 71. — Vélocipède Michaux.

appareils une vertu si grande. On ne pourra nous con-
tester qu'un véhicule est d'autant plus parfait qu'il
réclame pour se mouvoir une arène ou une voie moins
parfaite. Or, la condition première d'emploi du vélocipède et des véloces, en général, est l'existence d'une
route bitumée ou macadamisée en bon état. Le pavé,
qui convient si bien aux voitures, cause une fatigue

insupportable aux velocemen par les cahots inces-
sants qu'il produit. Les ornières rendent la marche
impossible. — Quelle est la cause de l'infériorité des
locomotives? C'est qu'on n'a réussi, jusqu'à présent,
à les employer avantageusement que dans les pays plats
ou peu accidentés. Quelle est la cause de l'infériorité
des locomotives routières? C'est, entre autres choses,
qu'elles exigent une voie solide et durcie pour se
mouvoir dans de bonnes conditions.

Nous avons commencé par faire le procès du vélocipède, disons maintenant ce qu'il a de bon.

Chacun sait qu'il est plus facile de rouler un fardeau
que de le porter sur ses épaules. L'homme est à lui-
même son propre fardeau. S'il marche, il se porte ;
s'il est monté sur un véloce, il se roule.

L'homme pèse, en moyenne, de 65 à 70 kilogrammes et *marche* avec une vitesse de $1^m,50$ par seconde. Il développe donc un travail de 100 kilogrammètres environ (nous avons dit précédemment le sens
de ce mot.) Si l'homme pouvait *se rouler* sans aucun
intermédiaire, l'effort de traction qu'il aurait à fournir
sur une route ordinaire, en bon état, serait le $\frac{1}{30}$ de
son poids ou $2^{kgm},14$ à $2^{kgm},31$, et le travail corres-
pondant, en admettant la même vitesse de 1^m50 par
seconde, varierait de $3^{kgm},21$ à $3^{kgm},46$.

Mais il faut tenir compte du travail absorbé par le
vélocipède lui-même. Nous l'évaluerons à 2 kilogrammètres, la vitesse étant de $1^m,50$, ou à 8 kilogrammètres, la vitesse étant de 6 mètres par seconde, vitesse normale du vélocipède.

Dans cette nouvelle hypothèse, le travail que doit développer le voyageur pour son propre déplacement, la vitesse étant quadruplée, devient 12^{kgm},84 à 13^{kgm},84.

Ces chiffres ajoutés aux 8 kilogrammètres, travail du vélocipède, donnent : 20^{kgm},84 à 21^{kgm},84.

Rapprochant ces chiffres du premier que nous avons posé : 100 kilogrammètres, travail 'de l'homme en marche, — nous voyons que le vélocipède bicycle a pour effet de *réduire le travail dans le rapport de* 20 *à* 100 *ou de* 1 *à* 5, *en quadruplant l'effet produit*, *c'est-à-dire la vitesse obtenue.*

On admet dans tout ce qui précède un terrain horizontal et en bon état. Si la route présente des montées ou des accidents, l'avantage du vélocipède disparaît promptement. Par contre, il est vrai, le véhicule devient automoteur aux descentes et le voyageur se laisse entraîner sans fatigue.

Nous bornerons à ces quelques lignes la théorie du vélocipède, ajoutant seulement que, lorsque du bicycle on passe au tricycle, on perd en force depensée ce que l'on gagne en stabilité.

A quelle époque remonte l'invention du vélocipède?

Nous n'irons pas, comme on l'a fait, fouiller les monuments égyptiens ou passer en revue les fresques des villes enfouies sous la lave, à la recherche des génies ailés ou des amours à cheval sur un bâton monté sur des roues. Autant vaudrait parler de la Fortune, qui, plus adroite que nos velocemen modernes, a résolu depuis longtemps le problème tánt cherché du monocycle.

Il nous suffira de dire que le vélocipède est le perfectionnement du célérifère, construit pour la première fois en 1818. Le célérifère consiste en un bloc
de bois de forme allongée, monté sur deux roues en
flèche, d'assez faible diamètre pour que le cavalier
puisse avoir ses pieds sur le sol. Celui-ci enfourche
sa monture de bois et, poussant à droite, poussant à

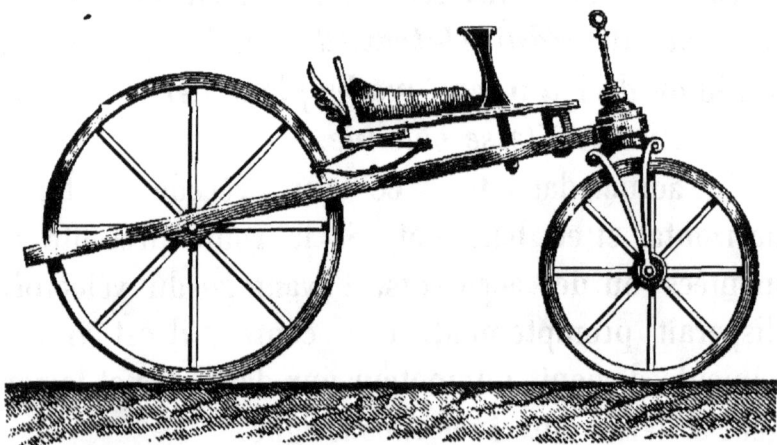

Fig. 72. — Célérifère de 1818.

gauche, il s'avance à grandes enjambées ou à grands
tours de roue.

Le tricycle est beaucoup plus ancien que le vélocipède. Depuis bien des années, on voit des amateurs
de promenade, désireux de faire l'économie d'un cheval, parcourir les abords des grandes villes sur ces
légers véhicules, formés essentiellement d'un essieu
doublement coudé, mis en mouvement par les pieds
ou par les mains, et d'une roue dont le plan, mobile
à volonté, forme l'avant-train. Ce n'est pas autre chose
que la voiture dont se servent les invalides ou les para-

lytiques et qu'ils actionnent à la main au moyen de deux leviers.

On nous a raconté qu'un jour un de ces tricycles fut apporté à la maison Michaux, moins connue alors qu'elle ne l'était il y a quelques années, pour y être réparé. Le fils de la maison joue avec l'appareil. Au lieu de trois roues, il n'en met que deux, et il actionne la roue d'avant avec les pieds. Il essaye, il se lance, il tombe. Il se lance encore, sa course devient plus sûre. Chaque chute excite son courage. Le véhicule n'a plus que deux roues. L'homme court sur cet appareil, qui ne peut se tenir droit au repos, et le vélocipède est inventé. La maison Michaux se fonde, puis donne naissance à la Compagnie parisienne. Des vélocipèdes se fabriquent et s'expédient de tous côtés. Des machines sont inventées pour les fabriquer plus promptement et d'une manière plus parfaite. Aussi, ce qui existe aujourd'hui de véloces suffira-t-il à tous les besoins pour de longues années et cette industrie est-elle en ce moment dans le marasme !

La vitesse que l'homme peut atteindre, monté sur un vélocipède, est la cause de l'enthousiasme dont on s'est pris pour ce nouveau moyen de transport.

Cette vitesse varie, on le comprend, avec la force du veloceman, avec la nature et l'inclinaison de la voie parcourue, et selon la plus ou moins bonne construction de l'appareil. Le club Bernois évalue à 10 kilomètres la vitesse à l'heure des vélocemen sur les routes qui entourent Berne. A Paris, sur les bonnes promenades, dit le *Vélocipède illustré*, la vitesse normale est de 15 kilomètres. Dans une grande quantité de courses et sur des pistes accidentées, les vélocipédistes exercés parcourent 1 kilomètre en 2 minutes, soit 30 kilomètres à l'heure. Et sur une piste asphaltée, d'un niveau parfait, la vitesse peut atteindre 40 kilomètres.

Ces derniers chiffres constituent, en réalité, des exceptions. Car 30 kilomètres à l'heure pour un vélocipède à roue motrice d'un mètre de diamètre représentent près de 10,000 tours de pédales : 3 tours environ par seconde ! On conçoit qu'il faut un jarret doué d'une vigueur exceptionnelle pour fournir pendant un certain temps un semblable travail.

De longs voyages ont été entrepris sur des vélocipèdes. On cite, entre autres, celui de deux vélocipédistes qui ont accompli en six jours une course de 150 lieues : la distance de Paris à Bordeaux ; ce qui donne une vitesse moyenne de 25 lieues, ou 100 kilomètres par jour.

On trouve encore dans les annales de la vélocipédie qu'une course de 250 kilomètres a été faite en vingt heures consécutives, y compris le temps du repos. C'est 500 mètres par minute ou 12^{kil},5 à l'heure.

Citons encore le suivant :

Un jeune homme partit de Bordeaux le 15 juin, en compagnie de trois amis ; il passa par Angoulême, Poitiers, Tours, où il resta deux jours, et Orléans ; enfin il arriva à Paris le 21. Après une semaine dans cette ville, il se dirigea seul sur Lille, d'où il repartit le 14 juillet au matin. Il traversa successivement Bé-

thune, Abbeville, Rouen, Alençon, Le Mans, La Flèche,
où il passa un jour chez ses amis ; Angers, Saumur,
Niort, Saintes ; et enfin il rentra à Bordeaux le 20 au
soir, après avoir parcouru environ à son retour 900 kilomètres en six jours, en moyenne 150 kilomètres par
jour.

Mais ces tours de force, si remarquables qu'ils
soient d'ailleurs, au double point de vue de la vitesse
obtenue et de la durée de la course, ne doivent être
considérés que comme des faits exceptionnels, dus à
des circonstances spéciales, et, en premier lieu, à l'excellence du véloceman.

Nous ne saurions trop le répéter : le véloce, d'une
manière générale, ne deviendra un véhicule réelle-
ment pratique que le jour où il n'exigera plus des
voies parfaites. Alors, le facteur rural s'en servira
pour faire ses tournées quotidiennes : plusieurs facteurs
s'en servent dès à présent d'une manière régulière ;
des percepteurs, des employés des contributions les
ont aussi adoptés ; le maraîcher, la laitière, pour
porter, celui-ci ses légumes et celle-là son lait à la
ville. Le véloce pourra détrôner l'âne, ce cheval du
pauvre, car, si élevé que soit resté son prix d'achat,
sa nourriture préoccupera moins encore que les chardons, les ronces ou l'herbe vaine qui pousse dans les
fossés des chemins.

DES VARIÉTÉS DU VÉLOCE.

Il y a peu d'inventions aussi simples que celle du vélocipède ; il y en a peu qui aient été l'objet de plus de brevets pris dans un temps plus court.

Ce que l'on a inventé de soi-disant perfectionnnements qui ne sont, pour la plupart, que des complications inutiles, est inimaginable. Ces inventions ont trait les unes à la forme générale du véloce, les autres à telle ou telle de ses parties. On a cherché enfin à employer des moteurs autres que la force de l'homme : le vent, la vapeur, l'électricité. Nous dirons rapidement quelques mots des idées les plus curieuses qui se sont produites.

Mille moyens ont été proposés, chaque constructeur a le sien pour réunir les deux roues du bicycle et poser sur la pièce qui les assemble la selle du cavalier. La roue d'avant est généralement motrice, directrice et porteuse. Certains vélocipèdes reçoivent, au contraire, leur direction par l'arrière, tel est celui dont le dessin est donné ci-dessous. Nous ne croyons pas que cette solution soit avantageuse.

Les tricycles varient à l'infini, tantôt ils sont à une place, tantôt à deux places, mus par les pieds ou par les mains, ou par les pieds et les mains à la fois. De là des variétés innombrables.

Nous ne parlerons pas des quatricycles, nous retomberions dans la voiture ordinaire.

Quant au monocycle, on est encore à le chercher.

Placer le véloceman au-dessus de la roue, nous doutons
que son équilibre soit bien stable. Le placer au centre,
il ne nous semble pas beaucoup plus solide : la roue se
trouve réduite à une jante assez facilement déforma-
ble, et la transmission de mouvement ne paraît pas
devoir être simple. On dit cependant que le problème

Fig. 73. — Vélocipède-raquette.

serait résolu. M. Jackson aurait fait un voyage de
Paris à Versailles ou à Saint-Cloud sur un monocycle
Dans ce cas, le véloceman, placé au milieu du cercle,
était porté par une circonférence concentrique à la
roue, et qui frotte sur des galets. C'est en incli-
nant le corps, à droite ou à gauche, qu'il dirigeait
l'appareil. Il n'y a là rien d'impossible, assurément,

mais l'adresse de l'homme nous paraît merveilleuse.

Néanmoins, nous aimons la simplicité du monocycle
du *Vélocipède illustré* : LA SPHÈRE !

Le mode d'actionnement, s'il ne donne pas toute

Fig. 74. — Monocycle-sphère.

satisfaction, est du moins tellement primitif, qu'il ne
le cède à aucun autre.

Le champ reste, d'ailleurs, ouvert aux inventeurs.

Les perfectionnements des différentes parties des
véloces ont été généralement plus heureux que ceux
qui ont porté sur l'ensemble.

Les manivelles, ou les *pédivelles* (comme on devrait
les nommer), ont été améliorées. Le frein, le gouver-

nail, la lanterne, les burettes de graissage, la selle, se
font aujourd'hui avec un soin et une perfection qui
seront difficilement dépassés.

La jante a été d'abord garnie d'un boudin plein,
rond ou rectangulaire, en caoutchouc, servant
à empêcher les chocs produits par les inégalités
et les aspérités du chemin. Aujourd'hui, ce boudin
est creux et contient un fil de fer dont les extrémités
sont réunies au moyen d'un écrou à deux pas con-
traires et serrant le caoutchouc contre la jante de
la roue.

Les inventeurs ont souvent cherché à simplifier
le moyen de transmission du moteur à l'appareil.
Ils out proposé des pédales disposées de diverses
manières, dans le but de remplacer le mouvement
de rotation des pieds par un simple mouvement de
va-et-vient. Aucun de ces moyens n'a réussi. Tous
ont été trop compliqués et ont absorbé une telle
fraction de la force motrice qu'il n'y avait plus avantage à les employer.

Les métaux de la meilleure fabrication et les plus légers ont été appliqués à la fabrication des vélocipèdes.
Le fer a, de bonne heure remplacé le bois, puis on
s'est servi de l'acier. Enfin, on a employé le bronze d'alu-
minium. Le but que tous les constructeurs se sont proposé a été de fabriquer un appareil qui unisse la plus
grande légèreté à la plus grande solidité. On a successivement diminué les dimensions des différentes parties du véhicule jusqu'au moment où elles sont devenues si faibles qu'on a dû s'arrêter, dans la crainte de

ne pas les voir résister aux efforts auxquels elles peuvent être soumises.

L'un des changements les plus importants (on ne saurait dire encore si c'est un perfectionnement) consiste dans la substitution des roues métalliques à ten-

Fig. 75. — Vélocipède à voile.

sion aux roues en bois. Chaque rais se trouve tendu par un écrou rattaché au moyeu et dont l'action se règle à volonté. Les roues, entièrement métalliques, sont garnies de caoutchouc coulé à chaud et vulcanisé sur le fer. Les roues en bois, qu'on ne peut introduire dans les chaudières à vulcaniser, sont cerclées de bandages en caoutchouc ordinaire.

Emprunter à un agent, autre que le cavalier, la force nécessaire à la mise en mouvement de l'appareil, présentait un vif intérêt. Le problème était difficile. On s'est donné libre carrière et on a proposé pour le résoudre les moyens les plus excentriques.

La vapeur tout d'abord ! Et comme le véloceman aurait dû remplir ses poches de charbon, on a proposé de remplacer ce combustible par le pétrole, d'un transport plus facile. Nous avons vu à l'Exposition de 1878 un vélocipède et un tricycle à vapeur, dont la puissance, au dire de l'inventeur, était de 4 à 6 kilogrammètres, et qui pouvaient donner des vitesses de 3 à 6 lieues à l'heure. L'emploi de la vapeur ne nous paraît pas plus possible que celui de l'air comprimé ou de l'air chaud. On n'installe pas aisément sur un de ces légers appareils, tout le lourd attirail de cylindres, de bielles, de générateurs, de pièces mécaniques qu'exige l'emploi d'un de ces agents. Autant vaudrait charger un canon sur des araignées.

Nous devons dire cependant qu'un vélocipède à vapeur a fonctionné à Marseille : joujou curieux, mais nullement pratique. C'est peut-être un de ceux dont nous venons de parler, car les spécimen sont rares.

L'électricité, que les Américains ont appliquée à la mise en mouvement des locomotives, deviendra-t-elle quelque jour le moteur des véloces? On ne peut rien affirmer, mais les résultats obtenus jusqu'à présent ne font pas entrevoir cet événement comme prochain.

Un essai a été fait dans les ateliers de la Compagnie parisienne. Le projet semblait promettre un bon résultat ; mais l'appareil, construit à moitié, était déjà d'un poids inadmissible. Il a fallu y renoncer.

Le vent reste le seul moteur facilement applicable au vélocipède. Une voile légère peut être ajoutée à l'instrument, sans qu'il en résulte aucun inconvenient pour le cavalier, lorsque le calme ou une direction contraire le force à la laisser fermée. Le *Vélocipède illustré*, que nous avons déjà cité plusieurs fois, rapporte qu'une vitesse de 25 kilomètres à l'heure a pu être obtenue sans fatigue, à l'aide d'une voile, sur un terrain plat ; 5 kilomètres ont été parcourus sans que les pieds touchent les pédales.

C'est là, croyons-nous, un auxiliaire précieux qui pourra rendre, dans certains cas, d'utiles services.

Et l'homme désormais suivant les hirondelles,
Pourra dire aux oiseaux : Me voici, j'ai des ailes !

CHAPITRE X

LOCOMOTION AU-DESSUS ET AU-DESSOUS DU SOL ET DANS DIVERS SENS

A. — Locomotion au-dessus du sol et a faible hauteur.

a. — Les cordes. — Les échelles. — Les escaliers. — Les ascenseurs. Les échelles et les machines de sauvetage des incendies.

Nous n'avons parlé jusqu'à présent que des moyens employés par l'homme pour se mouvoir à la surface de la terre, et nous n'avons rien dit de ceux qu'il emploie pour s'élever au-dessus ou pour s'abaisser au-dessous de sa surface. Tel va être le sujet de ce chapitre, qui comprendra trois divisions.

Nous raconterons, dans un premier paragraphe, les procédés employés pour atteindre aux plus hauts points de la terre ; puis, dans un second, les moyens en usage pour pénétrer dans son sein, aux plus grandes profondeurs connues et pour en rapporter les matières précieuses qui y sont cachées.

Enfin, dans une troisième division, nous décrirons le moyen de locomotion tantôt aérien, tantôt souterrain, tantôt sous-marin, employé dans quelques cas particuliers au transport des menus objets et, en particulier, au transport des dépêches.

Nos pères n'avaient que des moyens primitifs pour s'élever au-dessus du sol. De leur temps, il est vrai, les habitations n'avaient pas huit étages! Les maisons ressemblaient aux temples, et le grenier, qui régnait au-dessus du rez-de-chaussée, n'était pas habité. L'échelle était le seul moyen de communication. Elle s'est conservée dans les campagnes, où le confortable des escaliers est trop coûteux. Son invention remonte aux temps les plus reculés. Elle servait dans l'antiquité, non-seulement aux usages domestiques, mais encore à la guerre pour franchir les remparts ennemis ou pour gravir les passages difficiles. Les hommes des habitations lacustres l'employaient pour monter de leurs bateaux dans leurs demeures, comme certaines peuplades sauvages l'emploient pour atteindre leurs cases construites sur les arbres ou sur de hautes perches.

L'homme des bois a pour s'élever la liane qui pend aux branches du cocotier, le pauvre des campagnes a l'échelle; l'homme aisé, l'escalier aux marches en pente douce; le riche, l'ascenseur.

Nous ne parlons pas du plan incliné. A part quelques cas particuliers, il n'est pas employé. Nous n'en connaissons que deux exemples remarquables, celui de la Giralda de Séville, *maravilla octava*! et celui de la Tour de la Trinité, à Copenhague. Une rampe douce, pavée en briques, interrompue par vingt-huit paliers, conduit jusqu'à la plate-forme de la vieille tour de

Iluever, haute de 250 pieds au-dessus du *Patio de los Naranjos*. Deux cavaliers, marchant de front, peuvent, à cheval, arriver au sommet. Œuvre curieuse, admirable, comme toute la cathédrale qui s'étend à ses pieds, mais absolument dépourvue d'utilité.

L'église de la *Trinité*, à Copenhague, est flanquée de cette tour célèbre, la *Tour ronde*, haute de 58 mètres et demi, que a servi d'observatoire. L'intérieur est disposé en spirale, de manière à permettre d'y monter en voiture, comme l'a fait Pierre le Grand.

Les escaliers n'ont rien de remarquable, au point de vue qui nous occupe, que leur grande hauteur. Les plus hauts monuments sont donc pour nous les plus intéressants. Au premier rang se place la cathédrale de Rouen; dont la flèche a 150 mètres de hauteur, puis vient le munster, la tour de la cathédrale de Strasbourg. Ce monument a 142^m,112 de hauteur (deux mètres de moins que la plus haute pyramide d'Égypte), et l'escalier, qui se termine à la base de la flèche, compte 360 marches.

La flèche des Invalides a une hauteur de.	105 mètres.	
Le sommet du Panthéon.	79	—
La balustrade de la tour Notre-Dame . .	66	—
La colonne de la place Vendôme	43	—

L'ascenseur vient enfin prêter son aide aux boiteux et aux paralytiques, aussi bien qu'aux gens riches. Les ascenseurs sont d'espèces variées. Tout moyen de traction mécanique appliqué à une corde ou à une chaîne, portant un plateau guidé verticalement, donnera un ascenseur. Que l'agent producteur du mouvement soit la vapeur d'eau ou l'air dilaté, qu'il soit la pression de l'eau ou toute autre force, ce sera toujours le même ascenseur.

Les premiers appareils de ce genre, établis en

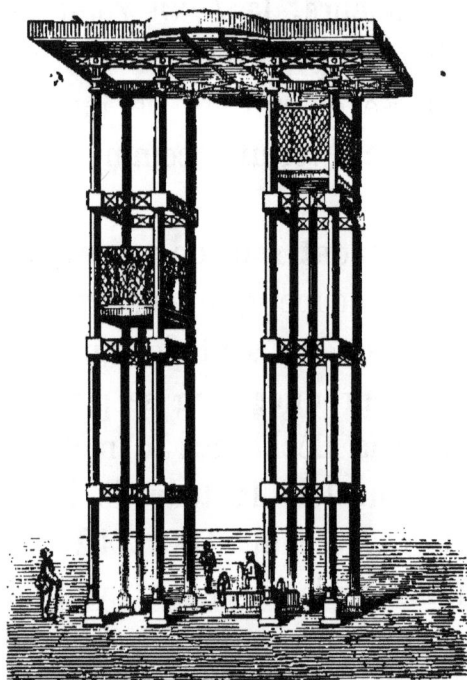

Fig. 76. — Ascenseur mécanique.

France, étaient mis en mouvement par des moteurs à gaz. On connaît ces ingénieuses petites machines, inventées par M. Lenoir, où la force est produite par la dilatation d'un mélange d'air et de gaz d'éclairage enflammé par une étincelle électrique. Le gaz circule aujourd'hui dans toutes les grandes villes; il suffit d'un branchement et d'une pile de quelques éléments

pour donner la vie à cette machine. En arrivant sur
le plateau de l'ascenseur, on pousse le bouton et l'on
s'élève. Veut-on s'arrêter à un étage quelconque, on
tire une corde, le robinet se ferme et l'on quitte l'appareil. Veut-on descendre, on s'abandonne à la pesanteur en modérant son action par l'usage d'un frein.

Toutes ces manœuvres ont l'inconvénient d'être
compliquées et de ne pouvoir être faites par quiconque, sans une instruction préalable. Le concierge de
la maison où est établi l'ascenseur ou mieux un mécanicien attitré, ainsi que cela a lieu dans les hôtels
importants, est chargé de la direction de l'appareil,
mais on comprend qu'une semblable sujétion équivaut souvent à une impossibilité, et qu'une telle machine devient plutôt une charge et une gêne qu'un
auxiliaire avantageux.

L'exposition de 1867 a fait faire un pas notable aux
ascenseurs, et a vu surgir de nouveaux appareils, autrement pratiques que ceux qui les avaient précédés.
M. Édoux en est l'inventeur. Qu'on se figure une longue tige cylindrique de métal, de la hauteur d'une
maison, et pouvant disparaître dans un cylindre qui
l'enveloppe et s'enfonce dans le sol. L'eau des conduites
urbaines est introduite en dessous de cette grande tige
cylindrique faisant piston, et sa pression détermine
l'ascension du plateau superposé et des personnes qui
y sont placées. Ce plateau, guidé dans ses mouvements,
est surmonté d'une cage portant les ascensionnistes et,
au besoin, garnie de siéges. Une corde passe dans
l'angle de la cage ; elle s'étend du haut en bas de la

tourelle parcourue par l'appareil. Il suffit de la tirer de bas en haut ou de haut en bas, selon qu'on veut monter ou descendre. Dans un cas, on ouvre le robinet d'accès de l'eau : dans l'autre, le robinet d'échappement. La fermeture des deux robinets, amenée par un état de tension convenable de la corde, détermine l'arrêt.

Comme on le voit, cet appareil est d'une manœuvre infiniment plus simple que celui que nous avons décrit tout d'abord, mais son emploi ne laisse pas que d'être encore assez coûteux. Paris possède aujourd'hui un grand nombre de ces appareils.

Deux ascenseurs ont été établis dans les tours du Trocadéro, à l'occasion de l'Exposition de 1878, l'un par M. Édoux, l'autre par MM. Bon et Lustrement. La hauteur parcourue est de 70 mètres, la plate-forme, est à 120 mètres au-dessus du niveau de la Seine, soit à 140 mètres environ au-dessus de niveau de la mer. Il est remarquable d'avoir pu construire une tige parfaitement verticale et cylindrique d'une pareille longueur. La cage est guidée par 4 colonnes et son poids, ainsi que celui du piston, sont constamment équilibrés par des chaines formant contre-poids ; de sorte que l'effort à vaincre est seulement celui que nécessitent les voyageurs qui opèrent cette ascension. Et ils sont nombreux : On en a compté 100 000 à l'ascenseur Édoux pendant le mois d'août !

Indépendamment de ces ascenseurs, deux escaliers de 400 marches permettent l'ascension des tours.

Il y a loin de ces moyens d'ascension perfectionnés

à la corde à nœuds du badigeonneur, à l'échelle de
corde du ravaleur, du marin ou du pompier. Chacun
de ces engins suffit à la tâche qu'il sert à accomplir,
et sa simplicité fait son plus grand mérite. Et puisque
nous parlons du pompier, disons un mot des instruments de sauvetage qui servent à fuir le haut des habitations dont l'escalier est devenu inaccessible.

C'est à l'aide d'une simple petite échelle brisée en
deux segments, de 2 mètres chacun, et dont les mon-
tants se terminent en forme de grands crochets, capa-

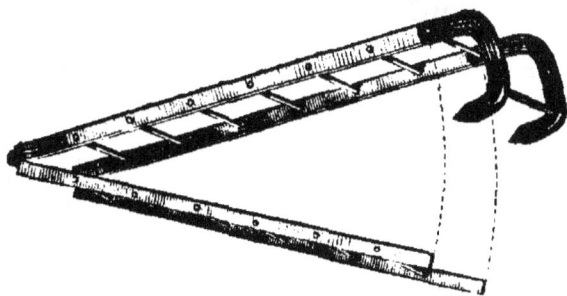

Fig. 77. — Échelles de pompier.

bles d'embrasser l'épaisseur d'un appui de fenêtre,
que les pompiers montent d'étage en étage jusqu'au
sommet des habitations. Mais souvent les murs eux-
mêmes ne peuvent fournir un appui : la base brûle et
il faut arriver au quatrième, au cinquième étage ou
au comble. On fait usage alors d'appareils mobiles que
l'on dresse aussi près que possible des lieux à atteindre,
et au sommet desquels on peut rapidement monter.

Ces appareils sont de différentes sortes. Nous don-
nerons une idée de leur construction.

On connaît ces croisillons en bois, figurant une

série de losanges juxtaposés, dont les articulations sont formées par de petites chevilles sur lesquelles les enfants fixent des soldats. Selon qu'on rapproche ou qu'on éloigne deux sommets opposés de l'un des losanges, on allonge ou l'on raccourcit le petit appareil, et l'on groupe ou l'on fait marcher en avant le corps d'armée qu'il supporte.

Il en est de même de l'échelle à incendie de Jandeau. Deux systèmes de losanges, dont les plans sont disposés à angle droit pour donner à l'ensemble la rigidité voulue, sont portés sur un chariot. Les losanges, formés de pièces de charpente articulées, sont refermés sur eux-mêmes. Ils s'entr'ouvrent et leur squelette s'élève vers la maison embrasée, lorsque les extrémités des deux branches inférieures sont rapprochées l'une de l'autre. Une plate-forme et une cage, disposées à la partie supérieure, reçoivent les incendiés.

Un autre appareil, qui nous semble beaucoup plus pratique, consiste en une série d'anneaux de charpente, entrés les uns dans les autres comme les anneaux d'un télescope, et dont la succession forme une haute tourelle qui peut atteindre jusqu'au sommet des habitations. Une cage, devant laquelle s'abaisse un petit pont-levis, donne accès aux incendiés, qui sont ensuite descendus à terre. Telle est l'échelle à incendie, inventée par Kermarec, maître de la compagnie des pompiers de la marine, au port de Brest.

Ce sont là les moyens lents de descente, mais il en est de rapides et de beaucoup plus simples dont l'emploi, quand il est possible, est assurément préférable.

Un long boyau en fort treillis de toile, attaché au balcon d'une fenêtre, descend sur le sol en s'infléchissant. Les gens et les choses y sont successivement engagés et descendent à l'extrémité inférieure, convenablement soutenus pour éviter tout choc dangereux. Tous les objets précieux sont ainsi rapidement enlevés et soustraits au fléau destructeur.

On a inventé récemment un petit appareil fort simple, appelé *descenseur à spirale* destiné à permettre la descente rapide des habitants d'une maison incendiée. Cet appareil se compose d'une corde que l'on attache au balcon d'une fenêtre ou au pied d'un lit et qui pend le long du mur de la maison. Cette corde s'enroule sur une gorge creusée en hélice à la surface d'un petit cylindre en fer de $0^m,10$ à $0^m,12$ de longeur, dans laquelle elle est maintenue au moyen d'une plaque métallique enveloppante. Un crochet est placé à la partie inférieure de ce petit appareil. Les objets à descendre y sont attachés; les personnes y sont suspendues au moyen de bretelles en lisières; abandonnées à elles-mêmes, elles descendent lentement, grâce au frottement qui s'exerce entre la corde et le cylindre qui la porte.

Après une première descente, l'appareil est remonté, retourné et prêt à servir à un second sauvetage.

Ce petit appareil serait très-répandu si nous étions plus accoutumés que nous ne le sommes généralement aux exercices gymnastiques.

Fig. 78. — Les échelles, le boyau de toile des incendies.

b. — Les chèvres et les grues à bras, à manége, à vapeur, à eau (système
Armstrong). — Les tourelles. — Les monte-charges à vapeur, hydrauliques.
— La toile sans fin. — La chaîne à godets. — La vis d'Archimède. — Le
tip hydraulique et à contre-poids. — Le *drop*.

Il faudrait un énorme volume pour décrire les principaux systèmes employés pour élever, non plus
l'homme, dont le transport impose des conditions spéciales, mais les fardeaux de toutes sortes. Aussi n'a-
vons-nous pas la prétention de les faire connaître tous
dans les quelques pages qui vont suivre. Nous dirons
seulement quelques mots des appareils les plus remarquables.

Le poids, le volume, la nature, le nombre des fardeaux qu'on peut avoir à soulever varient à l'infini. La
hauteur à laquelle on doit monter ou descendre est
aussi très-variable. Il en est de même de la distance
horizontale à laquelle le transport doit avoir lieu et de
la vitesse avec laquelle les mouvements doivent s'accomplir. C'est donc un problème très-complexe et infiniment varié que celui de la construction de ces appareils locomoteurs.

Les chèvres et les grues sont des assemblages de
pièces de charpente, ou de métal, quelquefois de bois
et de métal en même temps, tantôt fixes, tantôt mobiles, tantôt roulant, à portée constante, à portée variable, à une, à deux ou à plusieurs vitesses et mus
par l'homme, par les animaux, par la vapeur ou par
l'eau.

Les grues sont les bras de l'industrie. Si ces appareils venaient à manquer, on verrait en même temps tous les chantiers, tous les ateliers s'arrêter. Les ports se fermeraient, car les bateaux pleins conserveraient leurs chargements et les bateaux vides n'en pourraient recevoir de nouveaux ; les gares de chemins de fer ne pourraient livrer les marchandises arrivées, et n'en pourraient expédier de nouvelles ; les chantiers de construction, les ateliers où se forgent ces énormes pièces de machines qui excitent à un si haut point l'ad-

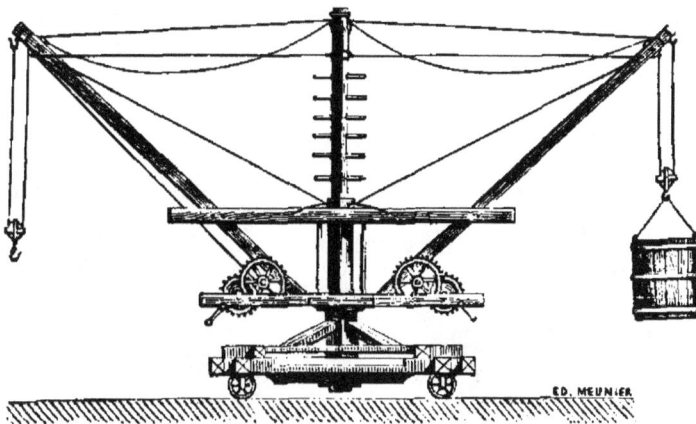

Fig. 79. — Grue roulante, à double volée.

miration, devraient suspendre lenrs travaux. Tout s'arrêterait, les bras disparaissant.

C'est tantôt la vapeur et tantôt l'eau qui les anime. Dans les grandes machines, des batteries de chaudières, monstres de métal allongés sur la flamme, produisent la vapeur qu'un ensemble de canaux distribue à tous les appareils, prêts à marcher à chaque instant. Dans les ports importants, dans les docks, indépendamment des grues qui portent elles-mêmes leur ma-

Fig. 80. — Grue roulante.

chines à vapeur, il existe souvent une circulation d'eau à haute pression qui alimente toutes les grues employées au chargement et au déchargement des navires. M. Armstrong est l'inventeur de cet ingénieux système.

Dans Victoria-dock, MM. William Cory et Ce, marchands de charbons à Londres, ont fait une installation de six grues au-dessus du niveau du quai. La travail de déchargement des charbons amenés par les navires se continue jour et nuit ; la cale du steamer est éclairée au moyen du gaz que des tubes flexibles en caoutchouc conduisent dans toutes les directions. En douze heures, *une grue décharge* 500 *tonnes*, c'est-à-dire le contenu de *cinquante* wagons, à l'aide de *neuf* hommes, dont six occupés au remplissage des bennes et trois à la manœuvre de la grue et à celle des wagons. Aussi le prix de revient, par tonne débarquée, n'est-il que de 0[r],127.

Dans certaines gares de chemins de fer, à Paris, par exemple, aux deux gares de l'Ouest, et dans les usines métallurgiques, à côté des hauts-fourneaux, on trouve des appareils appelés *monte-charges* et qui sont destinés à monter les bagages à la hauteur des voies, ou les matières premières : charbon, minerai, castine, au niveau du *gueulard*[1] du haut-fourneau.

Le monte-charge de la gare Montparnasse a été établi par M. Baude. Les wagonnets chargés de bagages sont amenés sur un grand plateau, qui est élevé par

---

[1] C'est ainsi qu'on appelle l'orifice supérieur de ces grands appareils.

une chaîne s'enroulant sur une poulie à gorge héliçoï-
dale. Tandis qu'un plateau monte les bagages au niveau du quai du départ, un autre descend à la salle
des bagages un wagonnet qui doit recevoir un nouveau chargement. Chacun des plateaux est équilibré
par un contre-poids en fonte relié au piston d'un cylindre dans lequel on introduit l'eau de la ville. L'arrivée du liquide, en détruisant l'équilibre, détermine
le mouvement de l'appareil.

Le monte-charge de la gare Saint-Lazare, établi par
M. Flachat, fonctionne d'une manière différente. Dans
un cylindre se meut un piston à double tige. Selon
que l'eau est introduite sur l'une ou sur l'autre des
faces du piston, le mouvement a lieu dans un sens ou
en sens contraire. Il en est de même des deux plateaux
qui sont attachés à chaque extrémité.

Les monte-charges hydrauliques établis pour le
montage des matériaux des maisons en construction,
à Paris, sont plus simples que les précédents. Les
deux plateaux du monte-charge sont des caisses en tôle
qui se font équilibre. Quand on veut élever les matériaux placés sur l'un des plateaux, on remplit l'autre
de l'eau prise aux conduites de la ville. La descente de
ce plateau, devenu plus lourd, détermine l'ascension
de l'autre. C'est une véritable balance hydraulique.

Dans les usines métallurgiques où l'eau est abondante, on l'utilise pour faire mouvoir les monte-charges. Dans les établissements où elle est rare, on a recours à la vapeur. Voici comment on procède : on re-
cueille, au gueulard du haut-fourneau, les gaz prove-

nant des actions chimiques qui s'y produisent et qu'on laissait perdre autrefois, et on les dirige vers des générateurs de vapeur. Cette vapeur à son tour, est conduite à de puissantes machines qui mettent à la fois en mouvement les souffleries et les monte-charges.

A Pont-á-Mousson, on a réuni dans un même bâtiment de 18 mètres de hauteur, l'escalier qui sert à la montée et à la descente des ouvriers, les deux tourelles pour le montage des wagonnets de houille et de minerai, et enfin un monte-charge à plateaux.

Ce dernier appareil est semblable, aux dimensions près, à celui qu'on emploie dans les briqueteries pour monter les briques et les poteries fraîches dans les séchoirs disposés au-dessus des fours. Il est semblabl aussi à ces appareils qui servent, dans les raffineries, au transport des pains de sucre. Deux chaînes sans fin, disposées dans des plans parallèles, ont leurs chaînons réunis deux à deux par des tiges transversales qui font articulation et auxquelles on accroche, par des moyens divers, les objets à transporter ou les caisses destinées à les recevoir. Les chaînes s'enroulent sur des tambours auxquels on donne un mouvement de rotation au moyen d'une machine quelconque.

S'il s'agit d'une drague, c'est une puissante machine à vapeur ; s'il s'agit simplement d'un monte-plats, c'est un contre-poids ou même une hélice en tôle placée dans la cheminée de la cuisine et que l'échappement des produits de la combustion anime d'un mouvement rapide ; s'il s'agit d'une noria, c'est un cheval, un bœuf ou un âne : selon les applications, le moteur varie.

Un moyen de transport fréquemment employé dans la construction des machines et pour le transport des matières premières ou des produits entre deux étages d'une usine, est la vis d'Archimède : une hélice enfermée dans un cylindre et qui reçoit un mouvement de rotation. C'est au moyen d'appareils de ce genre qu'on opère le transport des grains dans les silos et celui du tabac dans les manufactures.

Nous avons déjà parlé des grues hydrauliques employées à l'embarquement des charbons dans les ports anglais. Ce ne sont pas les seuls appareils en usage.

Il n'était certainement pas facile de faire passer, du wagon dans le fond de la cale des bâtiments, le charbon qui, sans être une matière précieuse, perd notablement de sa valeur lorsqu'il se divise, ce qui arrive à chacune des manipulations qu'on lui fait subir.

On a imaginé des appareils appelés *drops*, à l'aide desquels le charbon est pris dans le wagon et descendu jusqu'au fond du bâtiment. Qu'on se figure une longue bigue ou flèche en bois, articulée à sa base et portant une poulie à sa partie supérieure. C'est le bras qui prend sur le wagon la caisse pleine de charbon, la soulève, l'abaisse et la descend au fond du navire. A son arrivée dans la cale, deux volets à charnières, qui forment le fond de la caisse, s'entr'ouvrent et laissent tomber son contenu. On réduit ainsi la hauteur de chute à son minimum et on évite les déchets autant qu'il est possible.

A côté des drops, s'élèvent souvent d'autres machines appelées *tips*, et qui servent aussi à l'embarquement des charbons. Le travail de ces machines est encore plus rapide que celui des drops. Un wagon arrive sur la plate-forme du tip, il est soulevé, puis renversé, et le charbon glisse par l'extrémité ou par le fond du wagon dans un long couloir qui s'avance au-dessus du navire. Le wagon reprend sa position horizontale, redescend et s'en va. Un autre le remplace, et toutes ces manœuvres s'opèrent avec une vitesse de 1000 tonnes en douze heures, soit plus de 83 tonnes à l'heure et au prix surprenant de $0^f,025$ par tonne.

Tous ces mouvements s'exécutent au moyen de ces moteurs hydrauliques dont nous avons parlé précédemment. Pour faire avancer les wagons sur les voies de garage, on ouvre un robinet : un cabestan se met à tourner et tire la chaîne fixée au crochet d'attelage du wagon. L'eau comprimée distribue la vie à tous les appareils et toutes les manœuvres s'opèrent sans bruit, sans déploiement apparent de force et comme par enchantement.

B. — LOCOMOTION AU-DESSOUS DU SOL ET A TOUTE PROFONDEUR.

a. — Les sentiers. — Les échelles. — La corde. — Le panier. — La benne. —La Caisse. — Les Fahrkunst.

Lorsque la tarière ou le trépan sont descendus aux profondeurs où l'on trouve les métaux et la houille, après avoir creusé pendant des mois ou des années, il

22

reste à organiser l'extraction des produits de la mine
et tout d'abord le transport des ouvriers.

Si l'exploitation est peu profonde et à flanc de coteau, c'est par des sentiers, en pentes plus ou moins
rapides, ou par des échelles que vont et viennent les
ouvriers. Mais dès que l'exploitation atteint une certaine profondeur, et lorsqu'aucune galerie horizontale ou peu inclinée n'aboutit au jour, il faut avoir recours aux moyens d'ascension verticale les plus simples, les plus sûrs et les plus prompts à la fois.

Que l'on suppose, en effet, un puits de 400 mètres
de profondeur, et 300 ouvriers nécessaires à l'exploitation. A la vitesse de 3 mètres par seconde, il faudra
2 minutes pour le trajet et, en comptant le temps nécessaire au départ et à l'arrivée pour monter et descendre, 2 minutes et demie, ce qui permet 20 voyages
par heure. Il faudra donc une heure et demie pour
descendre les 300 ouvriers au fond du puits, en admettant qu'on en descende 10 à la fois. Et si, comme le
fait remarquer M. Burat, la machine d'extraction marche 11 heures par jour, il ne restera que 8 heures
pour l'extraction des produits de la mine.

On organise donc à l'orifice des puits de puissantes
machines à vapeur qui mettent en mouvement de
grandes bobines sur lesquelles s'enroule la corde, la
chaîne ou le câble d'extraction. On a des câbles plats,
formés de câbles ronds juxtaposés, et qui pèsent de 4
à 7 kilogrammes le mètre courant. Un câble de 500
mètres pèse environ 3500 kilogrammes, bien qu'il ne
doive pas enlever de charge supérieure à 3000 kilo-

grammes. Et comms le câble doit être d'autant plus résistant qu'il est plus rapproché de l'orifice, on le fait parfois de forme conique, de sorte qu'il devient plus mince et plus léger à sa partie inférieure. On peut, avec de tels câbles, atteindre des profondeurs de 700 mètres.

C'est tantôt le fil de fer, tantôt le chanvre, tantôt le fer et le chanvre associés, qui servent à leur fabrication. Enfin, on s'est servi de fer feuillard dans une mine de Belgique. On désigne sous ce nom ce fer en mince ruban, semblable à celui dont on cercle les tonneaux.

A l'extrémité du câble on attache le panier, la benne ou la caisse qui doit recevoir les mineurs, et, comme il faut prévoir le cas de la rupture de ce câble, on interpose ce qu'on appelle un *parachute*, ingénieux appareil dont l'action instantanée immobilise la benne dans le puits, en produisant l'enfoncement dans ses parois ou dans les guides de puissantes griffes de fer aciérées.

Que d'accidents et que de morts ont déjà été évités par ces parachutes! Nous n'en citerons qu'un, qui montre tout le soin que réclament la construction et l'emploi de ces appareils : « Le 20 juillet 1856, un câble se rompit au puits du Magny, près Blanzy, la cage étant un peu au-dessus de l'accrochage, en un point où les guides en bois étaient doublés de tôle; l'appareil ne put mordre sur cette tôle et la cage tomba avec une vitesse effrayante; mais, dès qu'elle arriva sur un point où le bois des guides était à nu, l'appareil agit et la cage s'arrêta après 3 mètres de cette action et malgré le poids de 260 mètres de câble tombé sur la cage. Sur cette hauteur de 3 mètres, l'épaisseur du bois des guides a été réduite de moitié, sans qu'aucune pièce du parachute se soit faussée. »

Les câbles et les bennes sont les moyens le plus communément adoptés pour le transport dans les puits de mine. Cependant, on a imaginé une machine à monter, appelée *échelles mobiles* ou *fahrkunst*, et qui sert aux mouvements du personnel des mines. Qu'on se figure deux échelles placées en regard l'une de l'autre et animées toutes deux d'un mouvement d'oscillation alternatif, de sorte que quand l'une monte, l'autre descend. Supposons qu'un homme monté sur la première, l'abandonne, alors qu'elle va descendre, pour passer sur la seconde qui va monter. Il montera avec elle. Supposons encore qu'au moment où celle-ci s'arrête, il la quitte pour repasser sur la première qui va maintenant s'élever. Il montera avec cette seconde échelle et, continuant ainsi cette manœuvre, s'élevant tantôt avec l'une tantôt avec l'autre, il arrivera à la surface. Des ouvriers peuvent ainsi se placer sur toute la hauteur des échelles et monter d'une manière continue.

Les premiers *fahrkunst* datent de 1833. Ils se composaient de pièces de bois équilibrées, suspendues à des balanciers et portant de petits marchepieds. Puis, on fit des échelles en fil de fer au moyen de câbles dont le diamètre allait en diminuant, à mesure qu'on s'enfonçait. On est descendu ainsi jusqu'à 500 mètres de profondeur.

M. Warocqué de Mariemont a construit un appareil

Fig. 81 — Les échelles mobiles (*fahrkunst*).

qui se compose de deux longues tiges en bois, descendant dans le puits et portant des paliers à balustrade, de trois mètres en trois mètres. Des tiges métalliques terminent ces échelles à leur partie supérieure et portent chacune un piston mobile dans un cylindre dont la longueur est égale à la course des échelles. Les mouvements des deux pistons sont rendus solidaires l'un de l'autre au moyen d'un certain volume d'eau qui passe d'un cylindre dans l'autre tantôt par le haut, tantôt par le bas. Il suffit donc d'imprimer un mouvement de va-et-vient à l'un des deux pistons pour que l'autre fasse les mêmes mouvements en sens contraire. Le résultat est obtenu au moyen d'un cylindre à vapeur placé au-dessus de l'un des cylindres à eau. Les échelles font 12 à 14 oscillations par minute, et un ouvrier remonte en 6 minutes les 212 mètres qui séparent l'exploitation de l'orifice.

b. — La roue à chevilles — La machine à molettes. — Chevalets et bobines. — Chariot, bennes roulantes, berlines, wagonnets et wagons.

Tout le monde connaît la cage où tourne l'écureuil. la roue à l'intérieur de laquelle se meut le chien de l'aiguiseur ou du cloutier, pour tourner la meule ou souffler la forge. C'est au dedans d'une roue semblable que tourne le carrier pour élever au jour les pierres employées à la construction. La *roue à chevilles* est très-fréquemment employée aux environs de Paris, mais elle ne peut servir que pour une exploitation peu importante et peu profonde.

Dès que l'extraction prend une certaine activité et

que les produits sont tirés d'une grande profondeur, la force de l'homme devient insuffisante ; il faut employer celle des chevaux, de la vapeur ou des chutes d'eau. Au lieu d'un simple treuil à axe horizontal, on établit une *machine à molettes* avec *bobines* ou *tambours d'enroulement*.

Au-dessus du puits d'extraction, deux grandes poulies de renvoi, appelées *molettes*, portent les deux brins du câble : l'un montant, l'autre descendant, et les dirigent vers deux cônes tronqués rapprochés par leur grande base, mobiles sur un axe vertical et qui servent l'un à l'enroulement, l'autre au dévidage du câble. Deux chevaux donnent le mouvement à cet arbre et complètent la machine, qui a une entière ressemblance avec les manèges des maraîchers.

Les tambours dont nous venons de parler sont souvent remplacés par des bobines. Ces bobines sont des tambours de la largeur du câble et sur lesquels les spires se superposent, au lieu de se juxtaposer, disposition essentiellement favorable à la régularité de l'extraction.

Telles sont, en abrégé, les dispositions adoptées dans les mines pour le montage des produits. Les véhicules qui servent au transport varient presque à l'infini et si, dans une même localité, on trouve parfois des chariots, des bennes, des berlines, des wagonnets ou des wagons de la même forme, il est rare que cette ressemblance ait lieu dans deux pays un peu éloignés. Un grand nombre de raisons motivent ces différences et les justifient : en premier lieu, l'allure de la cou-

che ou du gisement, sa direction, son épaisseur,
puis le mode d'exploitation adopté, la hauteur, la lar-

Fig. 82. — Roues à chevilles des carriers.

geur des galeries, etc... L'ingénieur a le champ libre
pour le choix des moyens les meilleurs à employer.

A Blanzy, on fait usage, pour le transport de la houille, de chariots en bois de 14 hectolitres, se vidant à l'avant par un panneau mobile sur charnière. Dans les mêmes mines on se sert aussi de la benne roulante ; c'est un tonneau avec un seul fond et monté sur roues en fonte. A Anzin, on emploie le wagon en tôle de M. Cabany, monté bas sur les rails et dont la caisse

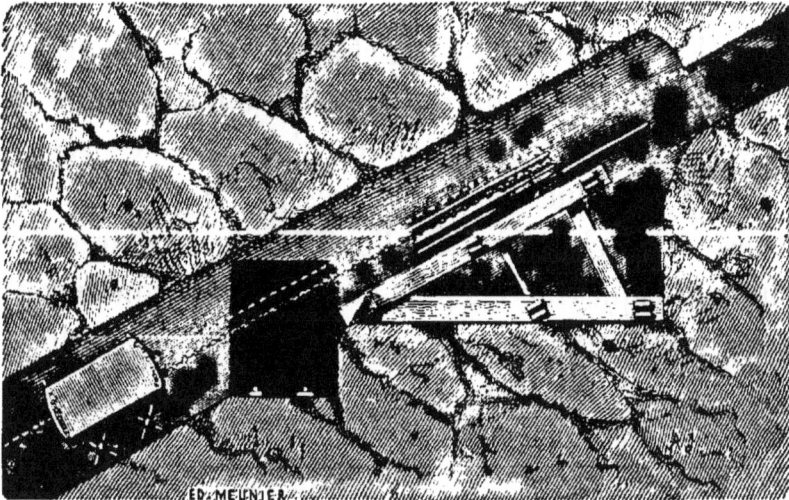

Fig. 83. — Plan automoteur dans une mine.

évasée permet un bon chargement, eu égard au poids mort ; dans le pays de Liège, des berlines moins perfectionnées portant des crochets à leur partie supérieure, à l'aide desquels on peut les superposer et les accrocher les unes aux autres pour les élever au jour.

Lorsque cet accrochage immédiat des bennes entre elles n'a pas lieu et que la machine est assez puissante pour remonter plusieurs véhicules à la fois, on réunit ceux-ci par deux ou par quatre dans une cage en bois ou en métal, ayant deux ou quatre étages. Pour empêcher les chocs contre les parois du puits, les bennes ou les cages sont guidées par des câbles en fil de fer ou par des longrines verticales en bois de chêne, qu'elles embrassent au moyen de coulisses en fer ou en fonte.

Outre les manèges et les machines à vapeur destinés à la mise en mouvement des appareils d'extraction, on emploie encore les moteurs hydrauliques et l'on crée, dans certains cas, des chutes d'eau d'une grande puissance, C'est ce qui a lieu dans le Hartz et dans la Saxe. Qu'on suppose un cours d'eau amené près du puits. A quelques mètres au-dessous de l'orifice, on creuse une chambre, où l'on installe une première roue ; quelques mètres plus bas, on en installe une seconde ; plus bas encore, une troisième, et l'eau qui est introduite passe successivement d'une roue à la suivante et sert d'abord à l'extraction des produits, puis à l'épuisement des eaux de la mine. Les eaux motrices s'échappent par une galerie latérale et s'écoulent ensuite dans la vallée. De la sorte, l'extraction a lieu dans les conditions économiques les plus avantageuses.

Les moyens usités pour les transports dans les galeries très-inclinées des mines sont les mêmes que ceux qu'on emploie dans les puits verticaux : mais, toutes les fois qu'on le peut, on s'arrange de manière à faire descendre les wagons chargés pour n'avoir à remonter que les wagons vides et l'on organise alors des plans automoteurs, le wagonnet roulant directement sur les rails, si l'inclinaison n'est pas trop forte, ou étant porté sur un châssis roulant ou berceau, qui le maintient horizontal et empêche le chargement de se répandre.

C. — Locomotion suivant une ligne horizontale ou inclinée au-dessus du sol.
Chemin à la Palmer. — Chemins funiculaires.

Certaines circonstances ont conduit parfois à l'établissement de transports au-dessus du sol suivant une ligne horizontale ou inclinée, par exemple : la mauvaise nature du sol sur lequel on aurait dû établir une voie, des accidents de terrains trop prononcés, etc. On a adopté, suivant les cas, différents systèmes, des chemins de fer à un rail, appelés *chemins à la Palmer*, du nom de leur inventeur et des *chemins funiculaires*, où le rail est remplacé par un câble en fil de fer.

Le chemin à la Palmer se compose d'un rail porté par une longrine qui repose elle-même sur des poteaux. Une roue à gorge se meut sur le rail et porte à droite et à gauche deux caisses entre lesquelles la charge doit se répartir également. Nous ne pouvons mieux donner une idée de la manière dont le véhicule repose sur la voie qu'en comparant ces deux caisses aux deux paniers du bât qu'on met sur le dos des bêtes de somme et qui doivent être également chargés pour qu'il y ait équilibre. Ce moyen de transport n'a été employé que dans l'intérieur d'un petit nombre d'établissements industriels (chemin du bureau des navires à Deptford, près de Londres) ; transport de marchandises peu im-

portant (chemin des fours à chaux et de la briqueterie
de Cheshunt au canal de Lee), service de la briqueterie de Posen ; mines de houille (à Rive-de-Gier) et
travaux de terrassements (fortifications de Paris au bois
de Boulogne).

Les cadres en charpente des galeries de mines ont
permis de simplifier ce moyen de transport à l'intérieur des exploitations souterraines et, en soutenant

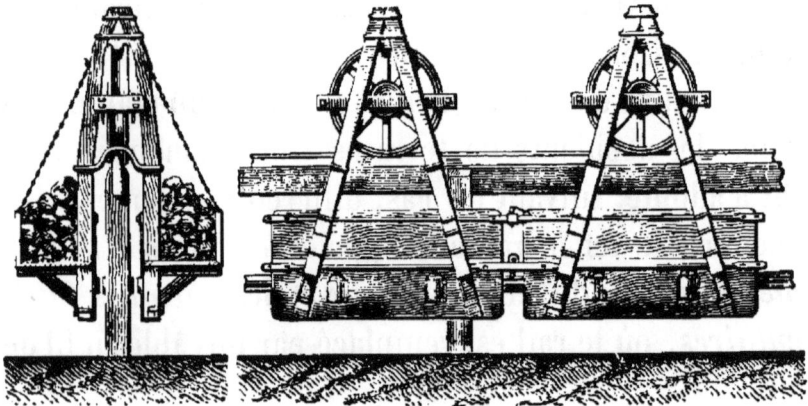

Fig. 84. — Chemin à la Palmer (au jour).

latéralement la longrine et le rail, de placer la caisse
au-dessous de la voie, ce qui rend inutile la division
de la charge. Les bennes, en arrivant au jour, glissent
sur leurs patins, ou sont transportées au moyen de
trucks sur des voies ordinaires.

Dans certaines exploitations à cielouvert, on a parfois à transporter d'un côté à l'autre de la carrière
des matières *sans valeur*, des terres provenant de la
découverte, ou des détritus. On pourrait avec un chemin de fer opérer ces transports, mais il faudrait dres-

ser une plate-forme, faire de grands détours, ce qui
deviendrait coûteux. On tend un câble au travers de
l'exploitation. Avec trois petites poulies assemblées en
triangle, on fait une chape, comme celle des bacs à la
traversée des rivières, et à la chape on suspend un petit bateau, chargé des matières à transporter. Une
corde attachée à chacune des extrémités du batelet

Fig. 85. — Chemin à la Palmer (dans une galerie de mine).

règle sa course et les transports s'opèrent rapidement
et à peu de frais.

Cet emploi du câble métallique a été généralisé ré.
cemment par M. Hodgson, pour le transport du granit
sortant des carrières de Bardon-Hill, à trois lieues de
Leicester, qui s'opérait entre les carrières et le chemin
de fer, sur une distance d'une lieue, au moyen de char-
rettes et réclamait un nombreux personnel. Une corde
métallique sans fin et soutenue sur des poulies qui sont

Fig. 86. — Transport par câble métallique (système Hodgson).

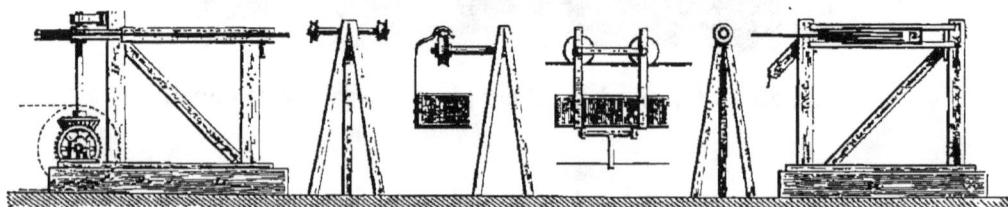

Fig. 87. — Boîtes, supports, poulies extrêmes du système Hodgson.

portées par de forts poteaux, éloignés ordinairement de 50 mètres les uns des autres. Cette corde passe à une extrémité sur une poulie mise en mouvement par une locomobile et reçoit une vitesse de 6 à 9 kilomètres à l'heure. Des caisses sont suspendues au câble par un crampon de forme particulière, qui maintient la charge en équilibre et permet le passage des points d'appui sans difficulté.

Dans le cas où on a de fortes charges, on met deux cordes pour soutiens et une corde sans fin comme moyen de transmission. On conçoit que la nature du terrain sur lequel on passe importe peu, le câble peut se poser aussi aisément que le fil du télégraphe.

Le prix d'établissement pour une ligne à une corde portant 50 tonnes par jour (l'équivalent de 5 grands wagons de chemins de fer) dans des boîtes pesant 25 kilogrammes n'est que de 3,900 francs par kilomètre.

On pressent tous les avantages que l'on pourra tirer de ce nouveau moyen de transport.

D. — LOCOMOTION EN TOUS SENS, DANS TOUTE DIRECTION ET DANS TOUT MILIEU.

C'est vers 1560, à ce que l'on rapporte, que Gutter de Nuremberg inventa le fusil à air comprimé. Philon de Bysance parle même d'un tube construit par Clésibius, dans lequel l'air comprimé lançait un trait et qu'il nomme *aérotone*. Peut-être n'est-ce tout simplement que la sarbacane qu'emploient les écoliers pour lancer des boules d'argile aux oiseaux.

Quoi qu'il en soit, l'invention dont nous voulons

parler remonte, quant à son principe, aux temps les plus reculés. Les effets qu'on peut obtenir de l'air comprimé comme propulseur, sont connus depuis longtemps; mais c'est d'une époque toute récente que date son application au transport des petits paquets.

L'Angleterre nous a précédés dans cette voie, nous avons déjà eu l'occasion de le constater. Après avoir rendu hommage à son esprit d'initiative, nous expliquerons de quelle manière s'opère à Paris le transport des dépêches télégraphiques au moyen de l'air comprimé.

Un tube de six centimètres et demi de diamètre intérieur, suspendu à la voûte des égouts, réunit entre eux les six bureaux télégraphiques de la rue de Grenelle-Saint-Germain (Administration centrale), de la rue Boissy-d'Anglas, du Grand-Hôtel, de la Bourse, de l'Avenue de l'Opéra (près du Théâtre-Français) et de la rue des Saints-Pères, formant un polygone fermé de 6718^m.80 de longueur. Chacun des côtés de ce polygone a de 900 à 1400 mètres de longueur et se compose d'éléments droits ou courbes, horizontaux, inclinés, parfois même verticaux. Le rayon le plus petit à l'angle de deux rues est de 12 mètres et la pente la plus forte de 0^m,05 par mètre, sauf aux abords des bureaux, où ce rayon atteint 5 mètres et où le tube devient vertical. Telle est *la voie*.

Le matériel de transport se compose d'étuis en fer garnis de cuir, ayant 0^m,06 de diamètre et 0^m,12 à 0^m,15 de longueur. Chacun d'eux porte gravé le nom

Fig. 88. — Appareil de transmission par l'air comprimé.

de la station à laquelle il est destiné. Ce sont les *wagons*.

Le propulseur est des plus simples. Il est renfermé dans deux cylindres en tôle, mesurant chacun 4 à 5 mètres cubes et, dans lesquels on comprime de l'air. Nous avons déjà vu quelle ressource offrent les conduites de Paris, dont l'eau peut s'élever à une hauteur de 15 mètres et possède, par conséquent, une pression représentée par une colonne d'eau équivalente. Un

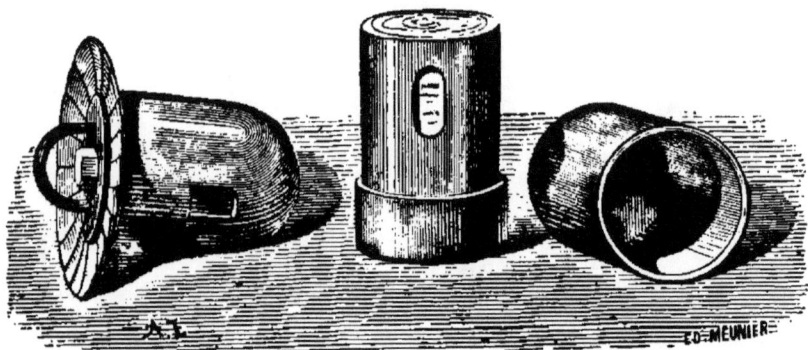

Fig. 89. — Piston et boîte à dépêches du télégraphe atmosphérique.

troisième cylindre reçoit l'eau de la ville et chasse l'air dans les deux premiers cylindres où on le puise quand on en a besoin.

Il est inutile d'insister sur les robinets, niveaux, manomètres, qui sont le complément indispensable de ces appareils et qui servent à en suivre la marche, à en régler le fonctionnement. Disons seulement que les moyens employés pour comprimer l'air varient. Nous en avons indiqué un, c'est le plus simple. On fait usage aussi de petites turbines et on emploiera bientôt une machine à vapeur, actionnant des pompes à air. Enfin, on a imaginé un appareil d'entraînement, dont le principe, qui rappelle l'injecteur Giffard, servant à l'alimentation des locomotives, est celui de la trompe ou soufflerie des forges catalanes. C'est un jet d'eau arrivant au centre d'un tuyau en communication avec l'air extérieur et sur lequel il agit mécaniquement pour l'entraîner et le comprimer.

Nous avons décrit le réseau principal. A ce réseau se rattachent des réseaux secondaires ; deux d'entre eux sont reliés à la Bourse, et forment un réseau de 18 kilomètres. Le réseau de Paris, avant peu d'années, sera porté à 50 kilomètres. Nous avons fait connaître le matériel et le propulseur. Assistons au départ d'un train du bureau central.

La station de départ prévient par le télégraphe la station voisine, qu'un train est prêt à partir. Celle-ci répond par trois coups frappés sur le timbre qu'elle l'attend. Une petite porte est ouverte sur le tuyau. Les wagons y sont engagés : un ou plusieurs pour chaque station, selon le nombre de dépêches, et un ou plusieurs wagons omnibus pour les dépêches de station à station. A leur suite, on met le piston, qui ne diffère des wagons que par une rondelle en cuir emboutie à l'une de ses extrémités. On ferme la porte, et l'air est introduit par un robinet. Il siffle et le train part. Un ronflement a lieu, une minute se passe, puis plus rien ; le train est à destination. On referme le robinet d'air et, en manœuvrant les robinets du cylindre à eau, on prépare une nouvelle provision d'air comprimé.

Au bureau central, il part et il arrive un train tous les quarts d'heure. Les dépêches à destination de la province ou de l'étranger sont remontées immédiatement à l'aide d'une corde et d'un panier dans la grande salle du départ et réparties entre les différents appareils, qui communiquent avec le réseau télégraphique.

Tout cela est bien simple, mais ce résultat si merveilleux n'a été obtenu qu'après de longs efforts et des essais multipliés. On a essayé au moins vingt wagons d'espèces différentes avant de s'arrêter à celui qui est employé! Aujourd'hui, si tous les essais ne sont pas terminés, — car on travaille toujours et on perfectionne, — ils sont, du moins, en si bonne voie que toute incertitude est levée et que le système qui fonctionne depuis plusieurs années peut être considéré comme ayant reçu du temps la sanction qui le consacre.

Le tube peut passer dans l'air, sous le sol et dans l'eau ; il suffit que les joints soient hermétiques pour que son fonctionnement soit parfait. C'est assurément l'un des moyens de locomotion les plus remarquables, un de ceux qui rendent déjà et pourront rendre dans l'avenir les plus grands services.

FIN

TABLE DES FIGURES

1. Traîneau impérial à Saint-Pétersbourg. 7
2. Traîneaux à New-York. 11
3. Brouette primitive (marchand forain en Chine). 13
4. Habitants des Landes. 55
5. Éléphant portant un a'méry. 60
6. Éléphant portant un haudah 61
7. Petits éléphants du Jardin d'acclimation. 62
8. Chameau du nord de la Chine. 63
9. Caravane dans le désert. 67
10. Traîneau tiré par des chiens. 71
11. Chariot primitif (cultivateur en Chine). 75
12. L'araba. 79
13. Litière à deux porteurs. 81
14. Litière à quatre porteurs. 82
15. Litière au Dahomey 83
16. Un abbé en voyage. 84
17. Voiture de promenade dans l'Inde. 85
18. Voiture du comte de Castelmaine, ambassadeur extraordinaire de Jacques II. 101
19. Voiture d'apparat. 105
20. Coupé. 108
21. Berline. 108
22. Landau. 109
23. Diligence. 113
24 Volante havanaise. 117
25. Chaise à porteurs en Chine. 119
26. Wourst. 122

27. L'omnibus des boulevards 127
28. Viaduc de Secrettown (Californie) 155
29. Rail à double champignon. 162
50. Rail Vignoles. 165
51. Rail Brunel. 164
52. Rail Barlow. 164
55. Diligence montée sur un truck. 171
54. Wagon-salon américain (Palace-car). 177
55. Intérieur d'un wagon américain, dit Pulman's car. 181
36. Sleeping car 185
57. Wagon américain 187
58. Train d'ambulance. 189
59. Système de wagons articulés de M. Arnoux. 192
40. Tube atmosphérique (coupe transversale) 291
41. Tube atmosphérique (coupe longitudinale) et voiture de tête. . . . 202
42. Voiture de Cugnot. 204
43. Machine de Blenkinsop (1811) 206
44. Machine de G. Stephenson (1814) 207
45. Machine Crampton. 213
46. Machine Petiet 215
47. Une station en Amérique. 217
48. Machine Jefferson. 219
49. Machine Petiet (Nord), à quatre cylindres. 227
50. Machine Fairlie. 229
51. Machine Jouffroy 251
52. Voiture Jouffroy. 252
55. Le chemin de fer du Righi. 255
54. Système Larmanjat 257
55. Machine Saint-Pierre et Goudal (élévation). 259
56. La même (coupe transversale). 259
57. Système Girard 247
58. Tramway à Vienne 255
59. Wagon-machine Evrard et Cabany et Cie. 266
60. Locomotive de Winterthur. 269
61. Locomotive sans foyer, système Franck. 271
62. Locomotive routière Lotz remorqueuse. 278
63. Wagon à voyageurs pour train routier. 279
64. Wagon à marchandises pour train routier 280
65. Locomotive routière à voyageurs. 285
66. Calèche à vapeur Bollée. 290
67. Machine routière avec grue. 294
68. Rouleau compresseur 295
69. Labourage à vapeur. 296
70. Les messageries à vapeur. 297

71. Vélocipède Michaux 304
72. Célérifère de 1818. 307
73. Vélocipède-raquette 312
74. Monocycle-sphère 313
75. Vélocipède à voile. 315
76. Ascenseur mécanique 321
77. Échelle de sauvetage. 324
78. Sauvetage opéré au moyen des échelles et du boyau en treillis de
   toile 327
79. Grue roulante, à double volée 330
80. Grue à vapeur. 331
81. Les échelles mobiles, ou *Fahrkunst*. 341
82. Roues à chevilles des carriers. 345
83. Plan automoteur dans une mine 346
84. Chemin à la Palmer (au jour). 349
85. Chemin à la Palmer (dans une galerie de mine). 350
86. Transport par câble métallique (système Hodgson). 351
87. Boîtes, supports, poulies extrêmes du système Hodgson 351
88. Appareil de transmission par l'air comprimé. 355
89. Piston et boîte à dépêches du télégraphe atmosphérique. 357

_____

TABLE DES MATIÈRES

CHAPITRE PREMIER.

Iutroduction. -

Le mouvement et l'attraction universels. — Mouvements des minéraux,
des végétaux et des animaux. — Carrière offerte au mouvement de
l'homme. — L'air indispensable à tous ses mouvements. **1**

I. — LA LOCOMOTION SUR LA TERRE.

A. — Insuffisance de l'appareil locomoteur de l'homme. — Les animaux moteurs. — Origine de la voiture. — Les traîneaux. **6**

B. — Frottement entre le véhicule et la voie qui le porte. — Le dé
et la bille d'ivoire. — Frottement de glissement et de roulement.
— Ce qu'on sait des lois du frottement. — Difficultés inhérentes
aux observations. — Impressionnabilité de la matière. — Moyens de
diminuer le frottement. — Lubrifaction des parties frottantes. —
Accroissement du diamètre des roues. **14**

C. — La voie. — Chaussées empierrées, pavées, à ornières de bois
et de métal. — Les anciennes voies de communication. — Les
chaussées romaines, les chaussées de Brunehaut. — Les rues sous
Philippe-Auguste et les voies sous Colbert. — Les routes nationales, départementales; les chemins vicinaux et ruraux. — Importance de la circulation. — Le personnel des ponts et chaussées et
celui des chemins de fer. — Ce que coûte un ingénieur des ponts
et chaussées et des mines, d'après M. Flachat. **23**

II. — LA LOCOMOTION SUR L'EAU.

La feuille, la branche, le tronc d'arbre et le bateau. — Rivières,
fleuves, canaux, lacs, mers, océan. — Les ondulations. — Les
marées, les courants et les vents. — Les vagues, la tempête et
les navires transatlantiques. — Le réseau des voies navigables en
France. **31**

III. — LA LOCOMOTION DANS L'AIR.

Les vents. — La chute d'un corps dans l'air et dans le vide. — Les oiseaux et les ballons. — La direction des ballons paraît une utopie. — Invention d'un moteur à poudre 41

CHAPITRE II.

Les animaux moteurs.

I. — *L'homme marcheur, coureur, patineur, échassier.* 47
II. — *Le cheval, l'âne, le mulet, l'hémione, le bœuf, le yack, le bison, le chameau, l'éléphant, le renne, le chien, l'autruche.* . 56

CHAPITRE III.

Les véhicules dans l'antiquité.

Biga, carpentum, cisium, pilentum, benna. Chars d'Héliogabale, char funèbre d'Alexandre. Litières et basternes 74

CHAPITRE IV.

Les véhicules depuis l'antiquité jusqu'au dix-huitième siècle.

Haquenées et palefrois — Chariots et litières. — Coches et carrosses sous Henri IV. — Les fiacres de Nicolas Sauvage. — Les carrosses à cinq sols du duc de Roanès. — Voiture du comte de Castelmaine. 84

CHAPITRE V.

Les véhicules au dix-huitième siècle et leurs progrès jusqu'à nos jours.

Berlines. — Diligences. — Vis-à-vis. — Coupés. — Berlingots. — Désobligeantes. — Gondoles. — Landau. — Berline allemande. — Calèche. — Dormeuse. — Coches. — Diligences. — Chaises. — Les messageries. — Soufflets. — Coach-mall. — Volante havanaise. — Chaises à porteurs. — Palanquins. — Litières. — Brouettes. — Wourst. — Break. — Voitures à transformation. 107

CHAPITRE VI.

Les chemins de fer.

I. — IMPORTANCE DES CHEMINS DE FER 154
II. — LA CONSTRUCTION. 157
A. — *Études.* — Évaluation des dépenses et des produits. 158
B. — *Infrastructure.* — Installations préliminaires. — Travaux. — Terrassements : l'homme, le cheval, la machine. — Principales tranchées. — Ouvrages d'art souterrains, tracé, percement, acci-

dents. Les principaux sonterrains; le tunnel des Alpes. — Viaducs
en pierre, en bois, en fer, en fonte. — Les principaux viaducs.
Le pont du Niagara. 141

C. — *Superstructure.* — Stations et maisons de garde. — La voie :
les ornières des mines de Newcastle. — Ornières creuses et saillantes. — Roues plates et à rebords. — Rails méplats, à champignon simple, à double champignon, Vignoles, Brunel, Barlow,
Hartwitch; rails en acier. — Traverses en bois et en fer. — Coussinets, coins, éclisses, boulons, crampons, chevillettes, etc. . . . 160

III. — LES WAGONS.

A. — *Les wagons en général.* — Voitures à 2, 4, 6 et 8 roues. —
Construction d'un wagon : châssis, caisse. 168

B. — *Wagons à marchandises, à bestiaux et divers.* — Wagons
pour le transport du ballast, du coke, du charbon, des marchandises, du lait, des bestiaux. — Transport des filets de bœuf, du
gibier, du vin de Champagne, des fraises, des fromages. — Wagons à écurie, à bagages, des postes 170

C. — *Wagons à voyageurs.* — Matériel français, anglais, allemand,
américain. — Voitures spéciales des chemins du Grand-Tronc, du
Mont-Cenis, de Sceaux. — Valeur du matériel roulant. — Nombre
de véhicules sur tous les chemins du globe. 179

IV. — LA TRACTION.

Les moteurs animés et inanimés. — La vapeur. 194

A. — *Moteurs animés et inanimés.* — Le cheval et les chemins de
fer dans les villes et dans les mines. — La pesanteur et les plans
automoteurs. — L'eau, la machine à vapeur fixe et les plans inclinés. — L'air et le système atmosphérique. — Papin, Medhurst,
Wallance. 195

B. — *Invention de la locomotive.* — Voitures de Cugnot, d'Oliver
Evans. — Locomotive de Trewitick et Vivian, de Blenkinsop, de
Brunton, de Stephenson. — Séguin invente la chaudière tubulaire
et Stephenson le jet de vapeur. 203

C. — *La locomotive.* — Différents types. — Machines à voyageurs à
moyenne et à grande vitesse : Crampton. — Machines mixtes. —
Machines à marchandises de moyenne et de grande puissance; Engerth, Beugnot. — Progrès accomplis dans la construction des locomotives; leur puissance. 210

V. — SYSTÈMES DIVERS.

A. — *Multiplication du nombre des cylindres.* — Système Verpilleux. — Machines du Nord, Meyer, Dupleix, Flachat. 226

B. — *Systèmes divers.* — Locomotive de Jouffroy. — Système Séguier. — Locomotive Fell du Mont-Cenis. — Machines rotatives. —
Système Agudio, funiculaire et à rail central. — Systèmes Larmanjat, Saint-Pierre et Goudal. 230

C. — *L'eau et l'air comprimé. L'électricité.* — Locomotives Andraud, Pecqueur. — Chemins éoliques Andraud. — L'air comprimé et raréfié : le chemin de Sydenham. Tunnel sous la Manche.
— L'air chaud. — L'eau comprimée : système Girard. — Machines
électro-magnétiques. 242

CHAPITRE VII.

Les tramways.

A. — CONSTRUCTION DES CHEMINS DE FER SUR LES CHAUSSÉES. 250

B. — VOITURES DES TRAMWAYS. 259

C. — TRACTION DES TRAMWAYS. 264

CHAPITRE VIII.

Les voitures à vapeur.

A. — Les voitures à vapeur avant l'époque actuelle. — Opinion des ingénieurs sur la locomotive routière. 274

B. — La question reprise. — Nouvelles recherches. — Les machines Lotz, Aveling et Porter, Larmanjat, Feugères, Bollée et Le Cordier. 277

C. — L'avenir de la locomotion routière à vapeur. — Usages actuels en agriculture, en industrie. 292

CHAPITRE IX.

Les vélocipèdes. 303

Des variétés du véloce. 511

CHAPITRE X.

Locomotion au-dessus et au-dessous du sol et dans divers sens.

A. — LOCOMOTION AU-DESSUS DU SOL ET A FAIBLE HAUTEUR.

a. — Les cordes. — Les échelles. — Les escaliers. — Les ascenseurs. — Les échelles et les machines de sauvetage des incendies 518

b. — Les chèvres et les grues à bras, à manége, à vapeur, à eau (système Armstrong). — Les tourelles. — Les monte-charges à vapeur, hydrauliques. — La toile sans fin. — La chaîne à godets. — La vis d'Archimède. — Le *tip* hydraulique et à contre-poids. — Le *drop*. 529

B. — LOCOMOTION AU-DESSOUS DU SOL ET A TOUTE PROFONDEUR.

a — Les sentiers. — Les échelles. — La corde. — Le panier. — La benne. — La caisse. — Les Fahrkunst. 537

b. — La roue à chevilles. — La machine à molettes. — Chevalets et bobines. — Chariots, bennes roulantes, berlines, wagonnets et wagons. 543

C. — LOCOMOTION SUIVANT UNE LIGNE HORIZONTALE OU INCLINÉE AU-DESSUS DU SOL.

Chemins à la Palmer. — Chemins funiculaires. 548

D. — LOCOMOTION EN TOUS SENS, DANS TOUTE DIRECTION ET DANS TOUT MILIEU. 555

[21 960] — Typographie Lahure, rue de Fleurus, 9, à Paris.